中等职业院校珠宝类系列教材

深圳市博伦职业技术学校系列教材

常见玉石鉴赏

CHANGJIAN YUSHI JIANSHANG

主　编　蔡善武

副主编　任　敏　赵　帏

中国地质大学出版社

ZHONGGUO DIZHI DAXUE CHUBANSHE

图书在版编目(CIP)数据

常见玉石鉴赏/蔡善武主编. —武汉:中国地质大学出版社,2018.12(2024.4 重印)

中等职业院校珠宝类系列教材

ISBN 978-7-5625-4449-4

Ⅰ.①常…

Ⅱ.①蔡…

Ⅲ.①玉石-鉴赏-中等专业学校-教材

Ⅳ.①TS933.21

中国版本图书馆 CIP 数据核字(2018)第 276463 号

常见玉石鉴赏		蔡善武　主编

责任编辑:张旻玥　　　　选题策划:张晓红　张琰　　　　责任校对:张咏梅

出版发行:中国地质大学出版社(武汉市洪山区鲁磨路 388 号)　　　　邮编:430074

电　话:(027)67883511　　传　真:(027)67883580　　E-mail:cbb@cug.edu.cn

经　销:全国新华书店　　　　　　　　　　　　　　　　http://cugp.cug.edu.cn

开本:787 毫米×1092 毫米　1/16　　　　字数:93 千字　　印张:3.625

版次:2018 年 12 月第 1 版　　　　　　　印次:2024 年 4 月第 2 次印刷

印刷:湖北睿智印务有限公司

ISBN 978-7-5625-4449-4　　　　　　　　　　　　　　　　定价:25.00 元

深圳市博伦职业技术学校系列教材
编委会名单

主　　　任：任　敏

副　主　任：余若海　曾庆庆　张华林　蔡善武　边昭彬

编委会成员：张国顺　陈亚萍　马亚丽　周杏芳　廖　亮

　　　　　　陈秋高　徐宗意　赵　卫　路黎明　王友兵

　　　　　　雷　忠　杨艳霞　李国辉　余咏青　肖永合

　　　　　　黄大岳　冯益鸣　钟蔼玲　易　峰　黄韵华

　　　　　　李伟挺　郑乐娜　廖敏军　刘明德　陈延庆

　　　　　　王　英　周杏芳　刘　琛　何　丹　杨　磊

　　　　　　崔珊珊　赵　帏　廖武彪　磨鸿燕　陈　恒

前　言

翡翠被人们尊称为"玉石之王"，而和田玉、岫玉（蛇纹石质玉）、独山玉、绿松石被称为中国四大名玉。这些玉石饰品是具有特殊意义的商品，它们既是物质产品，又是精神产品；既是美化、点缀人们日常生活的装饰品，更是文化、艺术的载体。玉石鉴定是科学和技术，而玉石欣赏就是文化和艺术。在当今社会，人们对玉石寄予了太多的情感，翡翠的绿色代表了青春、和平、自然和生命，同样翡翠和软玉（和田玉）也是权力、力量、勇气和地位的象征。

对宝玉石饰品（包括首饰、雕件和摆件等的鉴赏），主要有三个方面的内涵：一是运用科技手段鉴定、识别及区分宝玉石饰品材料；二是运用美学、历史、人文地理、文学艺术、宗教哲学、工艺学等知识去综合理解宝玉石饰品所表达、传递的思想、情感、意境和哲理，理解历代艺术工匠、艺术大师的创作构思，了解制作宝玉石饰品时代的文化艺术水平；三是综合总结，在对宝玉石饰品做出鉴定识别和欣赏、赏析后，对宝玉石饰品（尤其是玉雕饰品）的质量品级、艺术档次及价值价格做出较为合理的评估和评价。

观玉、鉴玉、购玉，可以满足人们在心理、礼仪交往、功利和时尚追求等方面的需要，给人带来愉悦的感觉享受，进而赏玉也可以使人对玉的愉悦之情升华为美好的感悟和精神享受。颜色、水头和种是翡翠的本体，而其文化艺术则是翡翠的灵魂。我国现在是繁荣盛世，中国有 7000 多万人收藏、投资珠宝，但是收藏需要鉴定，更需要鉴赏、评估和引导。在科学、文化和艺术的环境中，我们应该不断提高对于珠宝的鉴赏和审美能力，对玉石文化赋予更多的内容，有了欣赏能力，就能发现玉石饰品是鲜活的、有灵性的、有意境的物品，才能发现和理解玉石的魅力，享受玉石给予的美好感觉，也将促进珠宝鉴赏的良好发展。

目　　录

第一章　翡翠鉴赏

第一节　翡翠行业俗语与分类

翡翠一词最早是用来指红与青绿两种羽毛的鸟,后来把具有这两种颜色的鸟称之为翡翠鸟,红的为翡,绿的为翠。清代以前,在我国主要流行白玉,但清代之后,对玉的观念发生了明显改变,以崇尚绿色的翠玉为美。

翡翠,为商业名称,其岩石学名称为达到玉石级的硬玉岩或绿辉石岩。现代对翡翠的定义是一种以硬玉矿物为主(可含有绿辉石、钠铬辉石和少量闪石族矿物),质地细腻、坚硬柔韧、色泽丰富,已达到玉石级工艺美术要求的矿物集合体。翡翠具有美观性、稀少性和耐久性的特点,通常是致密块状。根据组成翡翠的矿物含量比例不同,化学成分会有所差别。

翡翠,英文名称为 Jadeite 或 Feicui。"翡"是指翡翠中各种深浅不同的红色、黄色翡翠,"翠"是指绿色深浅不同的翡翠。翡翠的商业划分强调它的直观表象,先从颜色入手,再通过质地、透明程度(水、种)的变化,结合产地应用形象的俗语进行描述。如老坑玻璃种、冰种、白地青、干青种(磨西西)、豆种、油青种、蓝水种、墨玉、飘蓝花、铁龙生、新场翡翠等。

世界上以缅甸北部密支那地区所产的翡翠质量最佳。

翡翠商贸中有许多行业俗语,现将部分行业俗语罗列如下。

一、翡翠的颜色

翡翠颜色在整个玉石种类中是最为丰富的。

按成因划分:原生色、次生色。

按种类划分:绿色、紫色、白色、无色、翡色、黑色。

原生色:绿色(翠绿、油青绿、墨绿)、紫色(茄紫、粉紫)、白色、黑色。

次生色:翡色(红翡、黄翡)、绿色(油青绿)。

(一)绿色类翡翠

翡翠绿色变化多样,深浅不一。由于致色元素及含量不同,其绿色色调和深浅表现也不同。

(1)祖母绿色:属老坑玻璃种翡翠,绿色带蓝,透明,也称"帝王绿色"。

(2)翠绿色:色正,透明—半透明。

(3)豆绿色:亮绿色,色阳。

(4)油青色:灰绿色—暗绿色,色偏暗。

（5）蓝水：绿中泛蓝，色暗。

（6）墨绿：深绿色—绿黑色。

（7）干青：翠绿色，不透明。

（二）紫色类翡翠

翡翠的紫色又称为紫罗兰、春色，具体分为以下两种。

（1）茄紫：深紫色，蓝紫色，色暗。

（2）粉紫：紫红色，色亮。

（三）白色类翡翠

（1）冰地：透明、无色—白色。

（2）白地（底）青：种干，绿白分明。

（3）干白地：白色，不透明，种差，颗粒粗。

（4）瓷地：白色，细腻，但不透明。

（四）黑色翡翠

黑色翡翠是指颜色为纯黑色的翡翠。黑色翡翠是由于硬玉矿物中有暗色杂质矿物包裹体所致。

（五）翡色类翡翠

翡色是指翡翠的红色和黄色部分，分为红翡和黄翡。翡色主要出现于翡翠砾石毛料的表层—近表层，并且与表生的氧化铁质浸染有关。

（六）其他组合色翡翠

其他常见组合色有春带彩、黄杨绿、花青、飘蓝花。

二、地

地也称"底"，具有以下两方面含义。

（1）质地：翡翠中矿物结晶颗粒大小及相互组合关系，即翡翠中矿物的结构构造关系。

（2）底张：翡翠中除绿色以外的其他部分及相互关系。

翡翠由于硬玉矿物大小不同、结晶组合关系不同，形成不同的质地，反映到透明度方面也各不相同，可划分以下九种。

（1）玻璃地：清澈透明，犹如玻璃。

（2）蛋清地：鼻涕地，透明—半透明，稍显浑浊。

(3)冰地:清澈如冰,有少量棉絮出现。

(4)藕粉地:半透明,果冻状,质地细腻均匀,多为紫色。

(5)糯化地(底):均匀细腻,无颗粒感,半透明,油性足。

(6)油地:透明—半透明,颜色带灰的绿色—蓝绿色,颜色发闷。

(7)瓷地:白色,质地均匀,不透明,如陶瓷状。

(8)干白地:白色,结晶颗粒较粗,局部均匀,不透明。

(9)狗屎地:杂色,结晶较粗,不透明,不均匀。

三、水

水又称"水头",是衡量翡翠透明度的指标。有"水头足""水干""水头长""水头短"之说,不透明的称"木"。形容水的行话有:马糖水、玻璃水、泉水等。水头的衡量主要是看光线透入翡翠内部的深浅程度,由浅到深有"一分水""二分水"等之说。水头好的翡翠品种:玻璃地、冰地、藕粉地、糯化地。水头差的翡翠品种:干青、白底青、干白地。

四、绵绺

绵绺指翡翠中的白色絮状物等瑕疵。翡翠中绵绺多,将影响到翡翠的透明度和颜色分布的均匀程度。

绵:为雾状、薄雾状、片状、点状的絮状物。

绺:呈丝状的絮状物,主要由翡翠的愈合裂隙引起。

裂:指翡翠原生或开采、加工过程中产生的裂隙。翡翠的裂往往呈面状、线状出现。

翡翠的已愈合原生裂隙,俗称石纹、石筋。

五、种

种是对翡翠类型的一种划分,其综合了翡翠的透明程度、颜色、内部矿物颗粒粗细程度、颗粒之间结合紧密程度的关系。种分为老种、老新种和新种。老种如玻璃种,糯化种,蛋清种,冰种。

(1)(老坑)玻璃种:透明,质地细腻,杂质少,颜色均匀。

(2)冰种:透明—半透明,细腻均匀,犹如冰块。

(3)芙蓉种:呈淡绿色,清淡,细腻,均匀。

(4)金丝种:绿色呈丝状分布,清淡。

(5)豆种:矿物颗粒粗,色阳,透明度差,宜做雕件。

(6)干青种:绿色,不透明。

(7)花青种:颜色杂,颗粒粗,透明度差。

(8)油青种:透明—半透明,灰绿色—暗绿色。

(9)蓝水种:蓝绿色或绿色泛蓝。

(10)马牙种:瓷地,白色,均匀细腻,不透明。

六、翠性

翠性是指组成翡翠的矿物的晶面及解理面在翡翠表面的片状闪光面。

七、松花

翡翠中的绿色条带或斑点在风化壳的表现形态，称为松花。松花的颜色及形态在某种程度上反映了内部绿色的颜色、形状和分布规律。

八、蟒带

蟒带是指翡翠中的绿色条带在风化壳的表现形态，呈细脉状分布。

九、癣

癣是指翡翠籽料表皮上的大小不等、形态各异的黑色、灰色、淡灰色的印记。癣的主要矿物成分为蓝闪石。

十、雾

雾是指存在于外层风化壳与内部翡翠之间的一层雾状不透明物质。有厚有薄，颜色有白色、黄色、黑色、红色等。

十一、其他

"八三玉"又称"巴山玉"。含斑状透闪石翡翠。结晶颗粒较粗，常用来制作翡翠 B 货。

老场玉与新场玉：又称为老坑玉和新坑玉。缅甸翡翠的开采出自不同地区和地段，当地称为场区、场口。不同场口产出的翡翠质量各有不同，在赌石中正确区分不同场口的毛料，是赌石能否赌涨的关键。老场口（老坑）翡翠为次生砾石状翡翠毛料，往往种、色等质量都较好。新场口（新坑）翡翠往往指原生产出的翡翠，往往种干、质地粗、质量差。山石也称新玉，指原生产出的翡翠。山石没有皮壳，表里一致，往往矿物颗粒较粗、质地差、种干。

第二节　翡翠鉴定的基本内容

翡翠鉴定的基本内容,主要是掌握天然翡翠与处理翡翠的肉眼鉴定特征的差别。

一、天然翡翠特征

颜色:绿色、紫色、白色、黑色、翡色。颜色有形,有色根。透明度:透明、半透明、不透明。光泽:玻璃光泽,明亮。相对密度:3.34,有坠手感。折射率:1.66(点测法)。硬度:6.5~7,可划动玻璃。结构:变斑晶交织结构,具翠性,结构紧密,敲击时声音清脆,似金属声。

二、翡翠 A、B、C 货的划分

A 货——未经任何处理的天然翡翠制品。

B 货——经强酸浸蚀和注胶的翡翠制品。

C 货——经人工染色的翡翠制品。

B+C 货——强酸浸蚀+注胶+染色的翡翠制品。

翡翠 B 货在市场上也称"漂洗翡翠"或"洗过澡"的翡翠,质检证上常注明:"经漂白注胶优化处理"或"翡翠(处理)"。

B 货翡翠鉴别特征如下。

(1)直观上整体泛白色。

(2)放大镜观察表面有明显蜘蛛网状酸蚀纹。

(3)裂隙中有有机胶充填,光泽明显偏暗。

(4)敲击声音沉闷。

(5)仪器检测:有较强的荧光;红外光谱有强的有机吸收峰(图 1-1)。

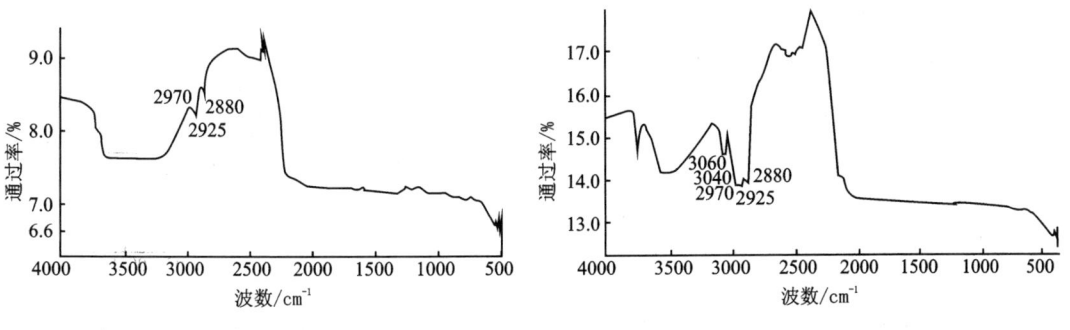

(a)翡翠A货红外光谱图　　　　　　(b)翡翠B货红外光谱图

图 1-1　翡翠红外光谱图

C 货翡翠为利用有色染料充填翡翠裂隙(C 货)。

染色物质有:①有机染料(含 Cr 盐类),在查尔斯滤色镜下会显红色;②无机染料(NiO_2),滤色镜下不变色,仍显绿。

C 货、B+C 货鉴别特征如下。

(1)颜色无根,发散,有浮感。
(2)颜色在裂隙中较为集中。
(3)染色翡翠往往是经酸处理后再染色,表面也可出现明显酸蚀纹。
(4)染色绿色与天然绿色在色调上会有不同,而出现"色上加色"现象。

三、翡翠鉴定技巧

(一)眼感

1. 颜色的"正"与"邪"(天然与染色)

天然翡翠颜色有色根,颜色有形,分布不均匀;染色翡翠颜色发散,无形,有浮感,呈丝网状分布于表层。

2. 透明度(种水)

天然翡翠透明度不均匀,有色部位相对透明,透明与不透明部位界线分明;B货翡翠总体泛白,有雾感,浑浊不清,透明度各处一致。

3. 表面光泽、光洁程度

天然翡翠光泽明亮,表面光滑圆润;B货和覆膜翡翠表面毛糙,光泽不强;和田玉(白玉)显油脂光泽。

4. 翠性的表现

(1)苍蝇翅(翡翠与假冒品种)。
在反射光下观察翡翠,粗糙面可见到的硬玉矿物的解理面反光,即为"苍蝇翅"。
(2)"橘皮效应"。
天然翡翠在抛光平面上,通过反光观察,会表现出大小、方向不同的一个个突起与凹陷——"橘皮效应"。
A货翡翠突起与凹陷的界线为逐渐平滑过渡;B货翡翠的界线则被酸蚀纹隔开;在仿翡翠的石英岩玉、岫玉等玉石中不会出现。
(3)结构。
通过侧光或底光的照明,不同翡翠显示不同结构:A货翡翠显示交织结构,相对细腻;B货翡翠显示交织结构,但结晶相对粗大松散;水沫子或石英岩玉显示糖粒状结构。

(二)手感(手掂与手摸)

手掂:相对密度大,手掂有坠手感;岫玉、独山玉、染色石英岩、钠长石玉手掂较轻。
手搓摸:表面比较光滑,镀膜翡翠则有黏滞感;翡翠手摸凉感明显,玻璃显温感。

(三)耳感

A货翡翠敲击声音清脆,似金属声,手镯有回音;B货、其他玉石敲击声音沉闷,手镯无回音。

第三节　　翡翠及相似宝玉石识别特征

一、翡翠相似玉石

与翡翠相似的玉石有软玉、钠长石玉、蛇纹石质玉（岫玉）、独山玉、石英质玉、染色石英岩、葡萄石、玉髓、含水钙铝榴石玉、脱玻化玻璃、玻璃等。

（一）翡翠鉴定要点

（1）折射率 RI：1.66（点测）。

（2）相对密度 SG：3.30～3.36，在 SG 为 3.32 的二碘甲烷重液中悬浮或缓慢上浮、下沉。

（3）吸收光谱：绿色翡翠品种红光区 630nm、660nm、690nm 有三条阶梯状吸收谱，紫光区有吸收线。翡翠 437nm 吸收线具有诊断意义。

（4）放大观察：翡翠具有粒状纤维交织结构、柱状镶嵌结构、柱状变晶结构等。质地细腻时，抛磨后表面光滑，具有微凹剥落。质地较粗时，可见解理面闪光，即"翠性"。

（5）发光性：天然翡翠大多数无荧光。

（二）软玉鉴定要点

（1）结构：长纤维状交织结构，质地细腻，韧性大。

（2）折射率 RI：1.61（点测）。

（3）相对密度 SG：2.80～3.10，常为 3.00。

（4）光谱：不明显，但有时在蓝绿光区 509nm 处有一条较清晰带。

（5）内含物：绿色品种中常含有不透明的金属矿物，如细粒的磁铁矿呈黑点状分布于其中。

（三）钠长石玉鉴定要点

无色到绿色，硬度为 6，折射率为 1.53，相对密度为 2.65，粒状结构。两支手镯互碰声沉闷沙哑，像有裂纹的瓷器。

（四）蛇纹石质玉鉴定要点

（1）结构：纤维状交织结构，玉质细腻，手感滑腻。

（2）折射率 RI：1.56（点测）。

（3）相对密度 SG：2.57。

（4）通常以微带黄色调的淡绿色为主。

（5）放大观察：可见淡绿色的绿泥石、暗色的铬铁矿包体分布于其中，质地中可见水波纹。

（五）独山玉鉴定要点

（1）矿物组成：主要矿物为斜长石、黝帘石，次为铬云母、透辉石、角闪石、黑云母、褐铁矿等。

（2）结构：具细粒状结构，致密块状体。

（3）颜色：颜色丰富，主体色为白色、绿色、紫色、黄色、红色等，颜色的变化取决于矿物组成。绿色呈不均匀状态分布，往往带有蓝色调。

（4）折射率 RI：变化于 1.56～1.70 之间，折射率的大小受矿物的影响。

（5）相对密度 SG：2.73～3.18，视矿物组成而有变化。

（六）石英质玉鉴定要点

颜色不均匀，粒状结构，硬度为 6.5，相对密度为 2.65，折射率为 1.54。玛瑙具条带构造，有时有褐色物质和绿泥石呈浸染状分布，玉髓中有白色脉体，东陵石中有绿色铬云母片、金红石、锆石、铬铁矿和黄铁矿。滤色镜下：东陵石变红，铬玉髓变红。

（七）染色石英岩鉴定要点

（1）矿物成分：以石英为主，大约占 90% 以上。

（2）结构特征：由绿色染料浓集在粒间空隙造成的丝瓜瓤构造。

（3）透明度：一般为半透明。

（4）折射率 RI：1.55 左右，比翡翠低。

（5）相对密度 SG：2.65 左右，比翡翠低。

（6）摩氏硬度：7.0 左右。

（八）葡萄石鉴定要点

绿色、黄绿色，硬度为 6～7，折射率 RI 为 1.63（点测），相对密度为 2.80～2.95，葡萄石多呈集合体，粒状、纤维状结构，不平坦断口。

（九）玉髓鉴定要点

颜色均匀，常见绿色、蓝色和粉色，硬度为 6.5，相对密度为 2.65，折射率为 1.54（点测），吸收光谱为 Ni 谱，隐晶质结构（隐晶质石英），贝壳状断口。

（十）含水钙铝榴石玉鉴定要点

浅黄色、绿色,硬度为 6.5～7,相对密度为 3.47,折射率为 1.72,颜色均匀,粒状结构,含较多的黑色斑点或斑块。

（十一）脱玻化玻璃鉴定要点

绿色,硬度为 6,相对密度为 2.50,折射率为 1.52,非晶体,均质体,纤维状结构,羊齿植物叶脉状纹。

（十二）玻璃

仿翡翠玻璃呈半透明的乳白状,绿色为突起的斑点或条带。区别的方法主要是用放大镜观察,可见到圆形气泡和旋涡状波纹。另外,玻璃手掂质轻,有温感,硬度也比翡翠小,可被翡翠刻划。

二、最佳仪器检测

（一）折射仪

翡翠成品若具有抛光的弧形表面,可用点测法测其折射率为 1.66,依此可以和任何玉石或仿制品区别。

（二）荧光灯

用环氧树脂处理的 B 货翡翠,在长波荧光灯照射下,发亮黄色荧光。用无机原料处理的 B 货翡翠,不发或发极微弱的淡黄绿色荧光。天然翡翠不发荧光。

（三）红外吸收光谱

用环氧树脂处理的 B 货翡翠,在 $3500～3600cm^{-1}$ 和 $3400～3500cm^{-1}$ 处,有 OH^- 的吸收峰,在 $2800～3000cm^{-1}$ 处,有 CH_2^{2-}、CH_3^- 的吸收峰。用无机物处理的 B 货翡翠、B+C 货翡翠、天然翡翠均无吸收峰。

第四节　翡翠文化

一、中国玉文化简介

悠悠数千年的华夏文明,源远流长,也形成了灿烂辉煌的玉文化。我国在世界上号称"玉石大国"。

(一)中国古玉的特点

(1)历史最早:8000 年前。

(2)延续历史最长:至今。历史中有五个用玉高峰期:新石器时代中晚期、商代、战国时代、汉代及明清时期。

(3)分布最广:全国各地。

(4)器型最多:璧、琮、璜、圭、环、珠、琥、工具、动物、人物、山水等。

(5)做工最精:被称为"东方艺术"。

(6)功能最多:生产工具、武器、礼仪用品、丧葬品、装饰品、工艺品等。

(二)世界其他玉器闻名的国家(地区)

(1)中美洲 (墨西哥):2500 年前。

(2)新西兰:2000 年前。

(3)西伯利亚:4800 年前。

(三)中国的玉器时代

1819 年丹麦学者汤姆森提出史前时期的划分方案,包括石器时代、铜器时代和铁器时代,这个划分已得到全世界的公认。而在我国很早就有人提出还应该有"玉器时代",大约在距今 6000~4000 年,介于新石器时代—铜器时代之间,以北方红山文化和南方良渚文化为标志。《越绝书》(战国—东汉)中记载:"轩辕、神农、赫胥之时,以石为兵,断树木为宫室。至黄帝之时,以玉为兵,以伐树木为宫室,凿地。"

(四)中国玉器时代的特征

(1)距今 5500~4000 年间的 1500 年历史时期。

(2)社会形态已开始进入父系氏族社会,私有制产生,阶级分化,宗教、祭祀发展到高级阶段。

(3)农业已从刀耕火种开始进入犁耕时代,家畜饲养相当繁荣。

（4）手工业发展到很高水平,制石、制骨、制陶、纺织,特别是制玉方面,不仅工艺接近当今,而且应用范围十分广泛,玉器遗存是这个历史时代主要的物质文化表征。

（5）基本上不见金属制器,即使有极少数,也是玉器时代的晚期产物(如龙山文化)。

（五）中国玉器时代的特征

（1）以软玉碾磨琢制的生产工具、兵器、祭器、礼器、佩器等为社会物质文化主体。

（2）以琮、璧、璜、璋、珑、琥、环、圭等为祭祀天地人的神器、重器,有严格的等级和使用规格。

（3）以玉钺、玉杖、玉冠、玉玺等代表至高无上的地位和权力,象征军权和王权。

（4）以玉佩以及执玉为社会等级特征。

（5）以玉为财富象征。

（6）玉器文明分别在长江下游良渚文化、黄河下游大汶口文化、西辽河红山文化中得到充分发展,又由三方向中原交会而诞生中原龙山文化玉器,一直延续到夏商周,再由宫廷传向民间,成为中国的传统工艺品。

（7）玉器时代为距今 6000～4000 年,此后玉器与铜器并用了约 1000 年,玉器盛行了上、下约 3000 年。

《周礼·玉人》记载,我国古代用玉有严格的等级规定:"天子用全(全玉),上公用龙(四玉一石),侯用瓒(三玉二石),伯用埒(玉石各半)。"

东汉许慎《说文解字》:"玉,石之美,有五德:润泽以温,仁之方也;鰓理自外,可以知中,义之方也;其声舒扬,专以远闻,智之方也;不挠而折,勇之方也;锐廉而不技,絜之方也。"

在《辞海》《辞源》中,以"玉"字组成的句子、成语、术语、人名、地名等条目达 370 条。如冰清玉洁、亭亭玉立、金枝玉叶、化干戈为玉帛、书中自有颜如玉、一片冰心在玉壶……

二、翡翠文化

我国是玉石文化的发源地,是最大的玉器消费大国。翡翠是一种文化、艺术和品质的载体,代表了自然美,是一种精神和财富的象征。翡翠具有自然美,人们也将玉器人格化和理想化,对翡翠玉器的品质、品格和品德赋予了丰富的内涵。品质就是玉石质量,品格包括创作风格和图形寓意,创作风格主要是指玉器的设计和工艺表达形式。品德的核心是仁、义、智、勇、礼、信,是几千年来中国儒家所推崇的价值精华。玉器饰品及雕件的寓意,一般是借助和根据雕件中图案的内容,或通过谐音等方式,来表达某种吉祥美好的愿望,如生肖挂件,表达了希求平安康泰、吉祥如意的愿望。

（一）玉器俗语

吉祥如意,福禄寿喜,长寿富贵,灵通宝玉,福寿康宁,长命百岁,福寿双全,龙凤呈祥,金琐玉佩,龙飞凤舞,陶朱之富,物华天宝,龟鹤齐寿,贵子贵孙,堆金积玉,尧天舜日,三元及第,遇难成祥,三多永兆,元亨利贞,聪明勤快,利见大人,出门见喜,善门有庆,鸿飞于天,和合为意,文星高升,天下太平,阿弥陀佛,五福皆春,国富民强,春阳景烟,国泰民安,万象更新，春满人间，合家欢喜，春意盎然。

（二）翡翠玉器图案的涵义

玉器图案，反映了人们趋吉避凶的传统心态。每一种图案都通过其表面的纹样，或谐音，或象征，或含义，力求充分表达一种祈求幸福的愿望。如：①福至心灵：蝙蝠、寿桃、灵芝。桃为寿而其形似心，借灵芝的"灵"，表示幸福的到来会使人变得更加聪明。②鹤鹿同春：鹤鹿与松树。古人称鹿为"仙兽"，神话故事中有寿星骑梅花鹿。鹿与禄、陆同音，鹤与合谐音，故有"六合"同春之意（六合指天地和东南西北），有富贵长寿之说。③二龙戏珠：两条云龙，一颗火珠。龙珠被认为是宝珠，可避水火。二龙戏珠表示吉祥安泰和祝颂平安与长寿之意。

（三）翡翠玉器寄寓的思想

翡翠为"玉石之王"，美丽动人，人们对其赋予了太多的精神内容，带有太多神秘的信仰和感情的寄托，有的带有强烈的政治经济色彩。翡翠，常常被喻为世界上唯美的一种物质与精神，用来比喻完美、高尚、清雅、纯洁、超凡脱俗和至善至美，特别是因为翡翠的"通灵宝玉"之性，更被喻为灵性无限之宝，同时玉文化的博大精深，更使翡翠成为博古论今的见证。

1. 思想道德

翡翠，因为其物理属性与儒家思想的精髓相融，因此常以相互寓意，即：仁、义、智、勇、洁。

2. 宗教文化

翡翠现在已经成为很大一部分爱玉者心目中神的化身，很多人把翡翠称为玉的代名词，平民百姓喜欢佩戴玉器以求平安，人们对翡翠寄托了无限的希望和追求的动力。东方人喜欢翡翠的原因有：①翡翠既有玉石之美，又有宝石之艳丽。②优质翡翠极少，达到宝石级的翡翠产地只有缅甸，不可能有两件完全相同的翡翠。③有极好的物理化学性质，翡翠的硬度为 6.5～7，小于钻石（钻石为 10），但翡翠的承压性却比钻石大很多。钻石解理导致钻石易碎，钻石加热到 800℃ 开始变成二氧化碳，而翡翠可加热到 1000℃ 不发生变化。④华夏先民视红色、绿色为平安、幸福、兴旺和对爱情忠贞不渝的象征。汉民族的中庸之道，以及一直有佩玉以防身避祸、逢凶化吉、祛病延年之习俗。现代科学研究表明：翡翠含有对人体有益的元素，经常佩戴玉器（如玉镯、玉项链和翡翠戒指）对人体经络血脉及皮肤有多种好处，所以玉器常被人们作为护身符。

3. 政治经济

玉在古代中国象征高贵与权力，"玉玺"更是凝聚着古代国家的最高权力和威严。

第五节　翡翠经济评价的依据

俗话说:"神仙难断寸玉""宝石有价玉无价"。宝石一般按照颜色、净度、切工和质量等方面进行分类报价;而翡翠是多晶质玉石,本身的变化因素很多,完全相同的两块翡翠极为少见,导致翡翠的评价体系较为复杂。翡翠成品的评价可以从翡翠的颜色、种、水头、工艺和质量等方面来考虑,而翡翠的价值还包括:工艺价值、情感价值、文化价值、历史价值。

一、《翡翠分级》国家标准

《翡翠分级》国家标准,是 2009 年由国家珠宝玉石监督检验中心制定。

翡翠分级:对颜色(Colour)、透明度(Transparency)、质地(Texture)、净度(Clarity)四个方面进行级别划分,对其工艺(Art and Crafts)进行评价。

影响翡翠价值的主要因素:自身特性和人文因素。自身特性包括颜色、透明度、质地、净度,是翡翠价值的基本要素;人文因素是指翡翠加工工艺,是人类智慧与才华的展现。

高超精湛的加工工艺能够突显出翡翠的原料美,赋予翡翠更高的价值。工艺评价:材料运用设计评价(材料运用评价、设计评价)、加工工艺评价[磨制(雕琢)工艺评价、抛光工艺评价]。

二、翡翠价值评价要素

翡翠价值评价要素主要有:品种,质量品级,稀有性,保值性,增值性,思想艺术性,珠宝价值评估师或评估人员应具备的条件。

三、翡翠质量评估要点"4C＋2T＋1V"

(一)颜色(Colour)

颜色是评价翡翠质量和价值的首要因素。翡翠的绿色(翠色)是翡翠中最具商业价值的颜色。珠宝界依据"浓、阳、俏、正、和"和"淡、阴、老、邪、花"来评价翡翠的绿色。翡翠的颜色很多,但价值高的仅限于翡翠中的绿色,所以翡翠颜色的评估,实际上也就是对翡翠中绿色的评估。

好的绿色要达到的标准是正、浓、阳、均,是指色调纯正,不含其他杂色。具体地说纯正的绿色,应是由波长 510～550nm 的单一绿色构成。但由于天然翡翠中含有多种色素离子,使绿色中叠加了一些黄色或蓝色等杂色,混合后的绿色没有正绿色那样典雅、绚丽。翡翠按其色调的混合情况分级如下:

纯绿色(祖母绿色)	特佳
微黄绿色(黄杨绿色)	次佳
带蓝绿色	尚佳

带黄绿色(葱心绿色)	较差
微灰绿色	甚差
带灰绿色(油绿色)	较差

浓是指颜色的深浅,按颜色深浅分为六级:

极浓:尚佳

浓:特佳

较浓:很佳

偏浓:佳

偏淡:偏差

很淡:差

阳是指颜色的彩度,亦即鲜艳程度。行家们往往以祖母绿、苹果绿、葱心绿来表示鲜艳的绿色,用菠菜绿、油青绿来指沉闷的暗绿色,颜色越阳的翡翠价值越高。

均是指颜色分布的均匀度,以颜色展布的均匀程度来评价颜色的质量,以均匀为佳,不均匀为差。

(二)净度(Clarity)

净度指翡翠的瑕疵严重程度,包括翡翠内部的包裹体和裂隙,如一些脏色、裂纹等。主要包括:矿物颗粒大小引起的石花、黑色的磁铁矿或铬铁尖晶石以及裂隙等,这些因素的多少、大小、位置、数量直接影响翡翠的价值。

(三)切工(Cut)

翡翠的切工包括素面切工和雕花切工。素面翡翠制品的评价包括:成品的轮廓、对称性;成品的长、宽比例,厚度,蛋圆形戒面顶面的弧度。雕花切工除了要评价翡翠本身的质量外,还要考虑构思、造型、轮廓、线条、寓意及工艺水平等因素。古语说:"玉不琢不成器",就翡翠而言,其价格的高低取决于设计者和雕琢者的构思、造型和抛光工艺。好料会在差的雕琢者手中减值,差料会在好的制作者手中增值,故一件翡翠成品的造型是否新颖入时,俏色是否得当,抛光是否明亮,皆是评价的重要因素。

(四)裂纹(Crack)(裂绺)

裂纹与纹路的多少会直接影响翡翠的价值。

(五)结构(Texture)

翡翠的结构是指其微小矿物晶体的颗粒大小、晶体形态以及它们的排列组合方式。根据所观察到的矿物颗粒粗细程度,将翡翠分为六个品级。

极微粒结构:用10倍放大镜难见到矿物颗粒,质量极佳。

细微粒结构:用10倍放大镜可见到矿物颗粒,质量很佳。

细粒结构：用肉眼难见到颗粒，质量尚佳。

较粗结构：用肉眼易见到矿物颗粒，质量稍次。

粗粒结构：用肉眼易见到矿物颗粒，质量很次。

极粗结构：矿物颗粒用肉眼看得十分清楚，质量极次。

（六）透明度（Transparency）

行话为"水头"，透明度可根据光线透过翡翠的深度，分为以下五种。

透明：光射进翡翠的深度为 10～20mm。

半透明：光射进翡翠的深度为 5mm（玻璃地种）。

尚透明：光射进翡翠的深度为 1mm（冰种）。

微透明：光射微透（粉地种）。

不透明：不透光（干地种）。

（七）体积（Volume）（块度）

相同或相近的情况下，体积越大即重量越大，则其价值越高。

四、翡翠综合评价

（1）颜色是灵魂，肉水是身价，种是层次。"种好遮三丑""无种不看色"。色差一分，价差一万。珠宝有价玉无价，爱就是价。多看、多思、多动，少买，不买货不问价，开个恐龙价，还个蚂蚁价。问价必还价，看货还价不买请说"不对桩"。"眼手脑并用，脸不变色心不急"。砍价挑毛病，卖货"夸"瑕疵。

（2）翡翠好看不好买，鉴赏深处出行家，借问真假何能定，实践实践再实践。

（3）翡翠评估要点"4C＋2T＋1V"。

依据翡翠的（4C＋2T＋1V），即颜色、净度、切工、裂纹、结构、透明度和体积等因素，将翡翠分成三个商业品级（市场价格变化很大）。

A. 特级

颜色呈均匀的祖母绿色（艳绿色）、苹果绿色。玻璃地（半透明、质地细腻）。无杂质、无裂纹。其价格之昂贵与祖母绿宝石相差无几，高档翡翠首饰常在拍卖场和高档的翡翠专柜出现。其价格起码在 10 000 元以上，而有些翡翠的极品在拍卖场上拍卖价可高达数百万元、数千万元。

B. 商品级

在无色、灰白色、豆绿色的地色上，间杂有一些半透明的祖母绿色细脉和斑点的翡翠。属中高档或中档首饰。价格常在 1000～10 000 元左右。

C. 普通级

藕粉色、豆绿色、淡绿色、油青色、白色的翡翠，质地略粗，微透明—不透明。可做中档或低档的首饰。价格常在 100～1000 元左右。

只要仔细研究翡翠"绿色"的偏与正，"水"的透与否，"种"的好与坏，即可以大致了解翡翠的质量和品质。

对翡翠进行评估时，应重点考虑：翡翠的质量品级、稀有性、保值性、增值性和艺术性。

第六节 翡翠玉器购买须知、保养及主要市场

翡翠饰品的品种主要有手镯、挂件、戒指、项链、手玩件和摆件等,其图案主要有神像、生肖、福、禄、寿、喜、梅、兰、竹、菊、花、鸟、鱼、虫等,题材广泛,选材丰富。

一、购买翡翠饰品注意事项

到信誉好的知名商家、连锁商家购买;标识上所标的品名是翡翠,还是翡翠(处理),防止以假充真,以次充好;要求出具国家权威珠宝玉石质量检验机构的鉴定证书或标签;要求出具正规发票和质量保证书。具体选购时,可参考行家总结的"八大要诀"。

一看:看颜色,看种水,看裂纹,看瑕疵,看琢磨工艺。

二试:手试重,耳试音,脸试温。

三问:问清品种、名称,分清天然品、优化处理品、假冒品、人工拼合品。

四辨:辨别真假质量好坏,确定品种、质地、颜色是否真实。

五比:货比三家,货比货,比质量,比工艺,比价格。

六定:因为称心如意的宝玉石难求,所以看好后,要下决心买定。

七谈:不同的货值不同的价,货真价实,按质论价。

八据:有据在手,心中不愁。

二、翡翠饰品的保养

在保养翡翠饰品时应注意:不与其他宝石尤其是钻石首饰直接接触,防止相互划伤;对于镶嵌类翡翠饰品,最好是定期到珠宝店清洗并检查,防止金属爪托松弛,导致翡翠脱落;避免长时间阳光暴晒或高温烘烤;如长期闲置,最好用温水洗干净后,用软布将翡翠饰品单独保存;在进行剧烈运动或体力劳动时,最好不要佩戴任何饰品。

三、翡翠主要市场

翡翠贸易的主要集散地和市场有:八莫(缅甸)、帕岗(缅甸)、勐拱(缅甸)、瓦城(又称曼德勒,缅甸)、清迈(泰国)和中国云南腾冲、瑞丽、盈江及广东省的四会、揭阳、平洲、广州、深圳等。

第二章　软玉(和田玉)鉴赏

软玉属透闪石-阳起石系列矿物集合体,我国软玉主要产在新疆和田,故又称为"和田玉(或和阗玉)"。软玉在我国已有三千多年的历史,许多软玉玉雕工艺品已成为传世之作。

古往今来,软玉(和田玉)以其色泽光洁柔美、质地坚韧细腻、温润含蓄符合国人的审美观念而深得人们的喜爱,人们将"仁""智""礼""义""信"的道德理念及财富、权力等一系列社会元素赋予和田玉之中。

在中国悠久的用玉历史中,和田玉、绿松石、岫玉和独山玉被称为中国四大名玉。在这四种玉中,软玉(和田玉)无论在玉质方面,还是在历史文化地位方面均居四大名玉之首。由于软玉的玉质优越,加之新疆软玉产地昆仑山的神秘性及软玉与中国古代政治、文化、艺术的密切联系,于是产生了中国特有的玉文化,使得软玉在中国人心中一直占据着崇高的地位,而且经久不衰。

第一节　软玉(和田玉)的主要鉴定特征

一、软玉的晶体化学性质

(一)化学成分

软玉是一种含水的钙镁硅酸盐,是以透闪石(化学成分 $Ca_2Mg_5[Si_4O_{11}]_2(OH,F)_2$)、阳起石(化学成分 $Ca_2(Mg,Fe)_5[Si_4O_{11}](OH,F)_2$)为主的纤维状矿物的集合体,并含有微量的透辉石、蛇纹石、绿泥石、方解石、石墨、磁铁矿等矿物的隐晶集合体。软玉原生矿主要呈块状,次生矿主要呈卵石状、砾石状,戈壁玉主要呈块状。

(二)晶系及结晶习性

软玉的主要组成矿物透闪石、阳起石均属于单斜晶系,透闪石矿物的常见晶形为长柱状和纤维状。

(三)结构构造

软玉的典型结构为纤维交织结构,块状构造。软玉韧性好,其原因是细腻纤维的相互交织使颗粒之间的结合力加强,产生了非常好的韧性,不易破碎,特别是经过风化、搬运作用形成的卵石,这种特性尤显突出。

二、软玉的物理性质

(一)颜色

软玉的颜色较杂,有白色、灰白色、黄色、黄绿色、灰绿色、深绿色、墨绿色和黑色等。当主要组成矿物为白色透闪石时则软玉呈白色,随着 Fe^{2+} 对透闪石分子中 Mg^{2+} 的类质同象替代,软玉可呈深浅不同的绿色,Fe^{2+} 含量越高,绿色越深。主要由铁阳起石组成的软玉几乎呈黑绿色—黑色。

(二)透明度

绝大多数为半透明至不透明,极少数为透明。

(三)光泽

油脂光泽至蜡状光泽。软玉的光泽不强也不弱,既没有强光的晶莹感,也没弱光的蜡质感,使人观之舒服,摸之润美。一般说,玉的质地越纯,光泽越好;杂质多,光泽就弱。

(四)折射率和光性

折射率 RI 为 1.61(点测),透明度好的在正交偏光镜下全亮。

(五)发光性

紫外光下软玉为荧光惰性。

(六)光性

透闪石矿物为二轴晶,负光性。

(七)吸收光谱

不明显,但有时在蓝绿光区 509nm 处有一条较清晰带。软玉在 498nm 和 460nm 处有两条模糊的吸收带,在 509nm 处有一条吸收带。

(八)特殊光学效应

台湾省花莲县和四川等地产的软玉还有一种特有的猫眼效应。

(九)断口

参差状。

(十)密度

$2.90\sim3.10\mathrm{g/cm^3}$，平均为 $2.95\ \mathrm{g/cm^3}$。

(十一)硬度

$6.5\sim7$。

(十二)其他物理性质

软玉对冷热变化表现为惰性,冬天摸不冰手,夏天摸不感热,因此人们喜欢贴身佩带。

(十三)放大检查

在放大镜下,软玉主要为毛毡状,其次为针柱状和纤维状。内含物:绿色品种中常含有不透明的金属矿物,如细粒的磁铁矿呈黑点状分布于其中。

第二节 软玉（和田玉）分类

一、产出状态分类

根据软玉产出的状态，可将其分为山料、山流水、籽玉和戈壁玉四类。

（一）山料

山料是指产于山上的原生矿。山料特点是开采下来的玉石呈棱角状，质地粗糙，呈不规则块状体，易打出断口，也称"碴子玉"。

（二）山流水

山流水是指原生矿石经风化崩落，并由冰川和洪水搬运过，但搬运不远的玉石。山流水的特点是距原生矿近，块度较大，棱角稍有磨圆，表面较光滑。质量好于山玉，次于籽玉。

（三）籽玉

籽玉是由山料风化崩落，经大气、流水选择风化、剥蚀、经流水分选沉积下来的优质部分，为次生矿。其特点是形态为卵圆形、表面光滑，一般质量较好，砾石外围有一皮壳，其内外质色一致，观察表面即知内部，根据卵石的凹陷处可判断玉的质量好坏。

（四）戈壁玉

戈壁玉主要产在沙漠戈壁之上，是原生矿石经风化崩落并长期暴露于地表，并与风沙长期作用而成。戈壁玉的润泽度和质地明显比山料好。

二、颜色分类

软玉按颜色和花纹可分成白玉、青玉、青白玉、黄玉、碧玉、墨玉、糖玉和花玉等几大类。

（一）白玉

白玉的主要矿物透闪石达 99% 以上，白色到青白色、灰白色，其中白色者最好，其名称有：羊脂白、梨花白、象牙白、鱼骨石、糙米白、鸡骨。最珍贵者为羊脂白，质纯而细，这种玉料全世界仅产于新疆。有的白玉由于氧化，表面带颜色，如"虎皮子"，枣色叫"枣皮子"。

（二）青白玉

青白玉指介于白玉与青玉之间，似白非白、似青非青的品种。

（三）青玉

青玉颜色从淡青色到深青绿色，有时呈绿带灰色。近年来市场见有翠青玉新品种，淡绿色，色嫩，质地细腻。因颜色不如白玉惹人喜爱，价值低于白玉。

（四）黄玉

黄玉由淡黄色到深黄色，有的质量极佳，黄正而娇，润如脂，为玉中珍品。黄玉极难得，其价值不次于羊脂玉，清代乾隆时期盛行黄玉制品。

（五）墨玉

墨玉颜色由墨色到淡墨色，整块料上墨色不均，黑白对比强烈，可作俏色作品。

（六）糖玉

糖玉因色似红糖而得名，为次生色，由 Fe_2O_3 污染透闪石而形成深浅不同的红色，血红色最佳，糖玉往往和白玉或青白玉呈逐渐过渡的关系。

（七）碧玉

碧玉中主要矿物透闪石占 96%，FeO 含量较高，颜色为暗绿色、深绿色至墨绿色，内常含磁铁矿小黑点，质量好者要求颜色纯正，最忌绿中有灰色调。

（八）花玉

花玉指在一块玉石上具有多种颜色，且分布得当，构成具有一定形态的"花纹"的玉石，如"虎皮玉""花斑玉"等。

三、古玉品种

软玉品种按出土和民间收藏又分为葬玉和玩玉。

（一）按时代分

按时代有新玉和老玉之分，离现今时间越久远其文物价值越高。如石器玉、商周玉、汉玉、六朝玉、宋玉、明清玉等。

（二）按用途分

工具玉：玉斧、玉铲等；祭祀用玉：琮、璜、璧、圭等；交际用玉：瑗等；服用之玉：珩、琚等。

四、产地分类

由于软玉（和田玉）产地较多，不同产地因成因和成矿条件不同，软玉的质量存在明显差别，因此，市场上实际已经存在按软玉产地进行分类的现象。目前市场上的主要品种如下。

（一）新疆和田玉

新疆和田玉主要分布于塔里木盆地以南的昆仑山，西起喀什地区塔什库尔干县以东的安大力塔格及阿拉孜山，中经和田地区南部的桑株塔格、铁克里克塔格、柳什塔格，东至且末县南阿尔金山北翼的肃拉穆宁塔格。在此范围内 $3500\sim5000m$ 的高山上分布众多的和田玉原生矿床和矿点，而在相关河流中还产和田玉籽料，主要河流是喀拉喀什河、玉龙喀什河。原生矿体产于中酸性侵入体与前寒武纪变质岩系含镁碳酸盐岩石的接触带及其附近，沿层面、构造破碎带、接触带分布。矿体主要呈团块状、囊状和透镜状等，质量好的产于大理岩中，以白玉、青白玉、青玉和墨玉为主；次生矿主要以水蚀卵石形式产于河床砾石中，质地细腻，质量上乘，举世无双。

（二）青海软玉

20 世纪 90 年代初，经牧民报矿，在青海格尔木昆仑山三岔口附近，发现了一个新的软玉矿床，并随之得到开发。该软玉矿距格尔木市南 73.4km，海拔 4250m。面对优质新疆和田玉资源的日益短缺，青海玉的发现和开采无疑对中国玉雕业的可持续发展起了积极的推动作用。

青海软玉色彩丰富，除白色系列外，还有青色、绿色、黄色、紫色等，一般颜色不正，普遍带有灰色调；在透明度上，青海软玉普遍比新疆和田玉高；在光泽上，青海软玉缺乏新疆和田玉那种特有的油脂光泽。由于光泽和透明度的原因，使得青海软玉总体上缺乏新疆和田玉特有的温润凝重感，并稍显轻飘。青海软玉以山料为主，有少量戈壁料和山流水，至今未见有籽料的报道。

（三）俄罗斯软玉

目前国内市场上的俄罗斯软玉（以下简称"俄罗斯玉"）主要来自俄罗斯贝加尔湖地区。俄罗斯玉颜色丰富，有白色、黄色、褐色、红色、青色、青白色等，而且往往多种新色分布在同一块软玉之上。从其断面看，颜色呈明显分带现象，从边缘到中心，颜色依次为褐色、棕黄色、黄色、青色、青白色、白色；矿物颗粒从边部到中心由粗变细。

与新疆和田玉相比，其矿物成分大致相同、结构相似、成因类型相同。不同之处在于：

（1）俄罗斯玉主要以山料为主，缺乏籽料与山流水，因此，俄罗斯玉缺乏新疆和田玉籽料、山流水这样高质量的品种。

（2）俄罗斯玉虽然同样以纤维交织结构为主，但矿物颗粒稍粗，一般为 0.005～0.02mm 之间，比新疆和田玉粗，接近青海软玉，因此，质地细腻程度不够，油脂光泽不足而略带瓷性特征。

（3）俄罗斯玉的糖玉主要是 Fe_2O_3 沿构造裂隙浸染形成，与新疆和田玉籽料和山流水暴露地表受 Fe_2O_3 浸染形成的特征具有明显差别。

（4）由于俄罗斯玉结构较粗，加之多受后期构造运动的影响，因此，俄罗斯玉的韧性较新疆和田玉偏低。

（四）岫岩软玉

岫岩软玉主要分布于岫岩县细玉沟沟头的山顶上，在细玉沟东侧的白沙河河谷底部及两岸的一级阶地泥砂砾石中有河磨玉产出，在靠近原生矿的山麓或沟谷两侧的坡积物和洪积物中还有山流水玉产出。岫岩软玉颜色多样，主要有白色、黄白色、绿色和黑色等基本色调，以及大量介于上述色调间的过渡色。

岫岩软玉主要由微晶透闪石组成，含少量的方解石、磷灰石、绿帘石、蛇纹石、绿泥石、滑石、石墨、黄铁矿、磁铁矿等杂质矿物。岫岩软玉主要有长柱状变晶结构和纤维状变晶结构等，单晶颗粒介于 0.01～3mm 之间，明显比新疆和田玉粗，其细腻和润泽程度远不及新疆和田玉。

（五）台湾软玉

台湾软玉分布于台湾省花莲县丰田地区的软玉成矿带内，主要矿物成分为透闪石（含铁阳起石分子成分），同时含少量蛇纹石、钙铝榴石、铬尖晶石、黄铜矿等杂质矿物。颜色以黄绿色为主，纤维变晶交织结构，块状构造。台湾软玉一般分为普通软玉、猫眼玉和腊光玉三种，其中猫眼玉又有蜜黄色、淡绿色、黑色和黑绿色等。

（六）其他地区的软玉

除上述产地的软玉品种外，还有产于江苏溧阳市平桥乡小梅岭的梅岭软玉、产于四川省汶川县龙溪乡的龙溪玉等，国外有澳大利亚软玉、加拿大软玉、美国软玉、新西兰软玉、韩国软玉等。

第三节 软玉(和田玉)和其他玉石的鉴别

一、原石的鉴定

(一)原石特征

上文已讲到按照产出环境,软玉原料分为山料、山流水、籽料和戈壁料。由于产出条件不同,四种原料的外形特征存在较大的差别。一般而言,山料因是直接从原生矿中采出的石料,一般呈块状,原石表面新鲜,无风化形成的皮壳,棱角清楚,质地一般较差。籽料一般是水蚀卵石,磨圆比较好,有长期风化形成的皮壳,质量较好。山流水的特征介于山料与籽料之间,有皮,但磨圆度差,棱角清楚。戈壁料呈块状,但经风沙磨蚀作用而表面十分光滑,并具有良好的油脂光泽。

(二)结构

软玉的典型结构为纤维交织结构。质地致密,光滑细腻。

(三)光泽

软玉具油脂—玻璃光泽。

(四)密度

软玉密度约 $2.95g/cm^3$,它可将许多外观相似的材料区别开来。

(五)化学成分测试法

软玉化学成分理论值大致为 SiO_2 59.169%,MgO 24.808%,CaO 13.80%,因此,通过分析化学成分,可较准确地对软玉原料做出正确鉴定。

二、成品的鉴定

软玉成品的鉴别应包括下列两方面内容。一是与相似玉石的鉴别,这是主要的;二是产地鉴别。虽然世界各地均产软玉,但是以中国和田玉的玉质最佳,市场价值较高。目前市场上存在青海软玉和俄罗斯软玉仿冒和田玉的实际情况,因此,要设法将不同产地的软玉鉴别出来。

三、软玉（和田玉）和相似玉石的肉眼识别

常见的与软玉相似的玉石有单色翡翠、蛇纹石质玉（岫玉）和白色石英岩玉。

（一）软玉肉眼识别特征

软玉的肉眼识别有三个特点：颜色相对均一，质地细腻；透明度差；光泽柔和。

（二）软玉与相似玉石的鉴别（表 2-1）

表 2-1　软玉及相似玉石的鉴别特征

名称	结构	折射率（点测法）	密度（g/cm³）	硬度	矿物组成
翡翠	纤维交织结构	1.66	3.33	6.5～7	硬玉及辉石类为主
软玉	纤维交织结构	1.61	2.95	6～6.5	透闪石、阳起石为主
石英岩玉	粒状结构	1.54	2.65	7	石英为主
蛇纹石质玉	纤维结构	1.55	2.57	4	蛇纹石为主
玉髓	隐晶结构	1.54	2.65	6.5	隐晶质石英

1. 翡翠与软玉的区别

翡翠属多色玉石，在一块玉石中可以见到两种以上的颜色，但有些质地细腻、颜色相对单一的翡翠，外貌与软玉有些相似，如白色翡翠、菠菜绿色翡翠等。这些翡翠的透明度比软玉好，呈半透明状，在透射光或反射光的照射下，可以看到明暗不同的变斑晶交织结构。其光泽也比软玉亮，呈油亮的强玻璃光泽。硬度为 7，比软玉高。

2. 石英质玉与软玉的区别

与软玉最为相似的是白色石英质玉。白色石英岩，颜色洁白，结构细腻，呈粒状结构的致密块状，微透明，光泽比软玉亮，呈玻璃光泽，硬度为 7，比软玉大。在肉眼鉴定中软玉与白色石英岩有如下区别：软玉较大部分为油脂光泽，而石英岩具玻璃至油脂光泽；软玉具纤维交织结构，十分细腻，其断口为参差状，而石英岩具粒状变晶结构，其断口为粒状；一般情况下软玉的透明度低于石英岩；同样大小的制品用手掂时，软玉较有重感，而石英岩则手感较轻飘。软玉的折射率、密度等与石英岩有着明显的差异。

3. 蛇纹石质玉与软玉的区别

蛇纹石质玉以特有的半透明状黄绿色，且在底色上常见白色花斑与软玉相区别。蛇纹石质玉质地细腻，用手触摸有滑感，且透明度好，呈半透明状，光泽比软玉暗，呈蜡状光泽。

黄绿色软玉外观上可能与蛇纹石质玉相似，肉眼鉴定软玉与黄绿色蛇纹石质玉的区别：软玉主要为油脂光泽，而蛇纹石质玉则主要为蜡状光泽；大部分情况下软玉的透明度低于蛇

纹石质玉的透明度；软玉的硬度明显高于蛇纹石质玉，蛇纹石质玉制品的棱角更趋于圆滑；软玉制品往往颜色单一，而大块的蛇纹石质玉制品可出现灰色、黑色、黄绿色等几种颜色间杂的现象。二者的折射率、密度、硬度差别大，易区别。

4. 玉髓与软玉的区别

绿色和白色玉髓为隐晶质石英，颗粒极为细小，与绿色和白色软玉的外观较为相似。在肉眼鉴别中两者的区别在于：玉髓常为玻璃光泽，软玉常为油脂光泽；玉髓制品有较高的透明度，软玉透明度远低于玉髓；软玉的密度大于玉髓，因此用手掂时，软玉较重，玉髓较轻。另外，玉髓的折射率低于软玉。

5. 软玉的仿制品及其鉴别

软玉的人工仿制品主要是玻璃，常见为白色仿玉玻璃，在玉器市场及旧货市场上极为常见。仿玉玻璃的特点是乳白色、半透明至不透明，常含有大小不等的气泡，贝壳状断口，折射率 1.51 左右，密度 $2.50g/cm^3$ 左右，均明显低于软玉。

四、产地鉴别

从目前软玉市场的实际情况看，以新疆和田玉价格最高，其次是俄罗斯软玉，再次是青海软玉。因此，存在将不同产地的软玉鉴别出来的客观需要，但不同产地软玉的差别主要表现在内部结构和其微量成分方面，因此，准确地鉴别必须依赖先进仪器和设备。

第四节　软玉（和田玉）购买须知及保养

软玉（和田玉）质地细腻、柔和，历来为人们喜爱，且其种类较多，各具特色，其中羊脂玉更因其特色及稀有性，被奉为玉之精品。

一、购买须知

（一）检测软玉的硬度

软玉摩氏硬度达到 6.5 左右，拿小刀在上面划一下一般不会留有痕迹，如果是玻璃和硬度较低的玉则会留下痕迹，但是现在很多仿料也选择一些硬度高的玉石，同样会不留痕迹。

（二）查看软玉的颜色

软玉只有白色、青色、墨色、黄色四大类颜色，如遇红色的需倍加小心。白色的颜色由白色到青白色，黄色由淡黄色到深黄色（包含糖色），青色由淡青色到深青色，墨色由墨色到淡黑色。

（三）估算软玉的价值

羊脂色和黄色的软玉价值较高。羊脂玉质地细腻，白如凝脂，是白色软玉中最好的品种，在世界上仅新疆有此品种，因产量十分稀少，故极其名贵。另外黄玉也是十分罕见的，价值仅次于羊脂玉。青色的软玉价值最低，青色软玉颜色分布从淡青色到深青色，种类较多，颜色深浅也不同，是软玉中最多的一类颜色，故相较其他颜色价格稍低。

（四）观察软玉的透明度

在玉石中有透明、半透明、不透明三种，而软玉则属于半透明的，在光照下，能透过光，但看不清透过的物像。可将玉石对准光源，用手在玉后晃动，真的软玉能看出有黑影晃动。

（五）聆听软玉的声音

软玉由于质厚温润、脉理坚密，敲击声音清脆，似金属声，手镯有回声。可拿两块相同的玉对敲几下，如果声音暗哑则不是软玉。

（六）掂量软玉的质量

在购买时，可分别用手掂量一下相同体积的玉石，软玉较有重感、实在、厚实，一般比其他玉石重。

（七）查看软玉的质地

软玉质地滋润、细腻、柔和，且表面具有油脂光泽，其他玉石的滋润和油脂光泽不及软玉。另外可把玉石放在皮肤上，会有一种凉的感觉，而玻璃制品是没有的。

（八）查看软玉的证书编号

软玉价格较贵，一般都有证书，可打质监局电话或上网查看编号是否是真的。

（九）上传照片供专家和网友鉴定

现在有很多商家或爱好者的网站提供专家鉴定或网友鉴定，你可以拍下各个角度的照片，上传到网上，供大家评鉴，照片一定要清晰。

二、软玉的保养

软玉是有灵性的，收藏和赏玩软玉的人都会精心"养护"自己的美玉。

（一）避免与硬物碰撞

玉石硬度虽高，但可能有暗裂纹，剧烈运动时可能容易损坏。在从事危险运动时，要将饰品取下妥善保管，挂饰要经常检查结构是否牢固，以免脱落摔坏。

（二）避免灰尘、油渍等

玉器表面若有灰尘的话，宜用软毛刷清洁；若有污垢或油渍等附于玉器表面，应以清水洗刷冲净，切忌使用化学除油剂。如果是雕刻十分精致的玉器，灰尘长期未得到清除，则可请专业人员清洗和保养。

（三）避免与化学物质接触

软玉易受到化学品腐蚀，而导致玉质受损、颜色褪去。尽量避免与香水、酸性、碱性及其他化学物质接触。贴身佩戴如果出汗较多时，最好能用清水清洗一下。

(四)避免阳光长期直射

玉器要避免阳光的暴晒,因为玉会遇热膨胀,分子体积增大,会影响玉质。热胀冷缩的规律同样在软玉上适宜,极端的温度容易导致玉石结构发生变化,从而影响其致密性。如炎热的夏季,就别让软玉长期暴露于阳光直射或高温环境之中。

(五)妥善放置软玉首饰

最好是放进首饰袋或首饰盒内,以免擦花或碰损。如果是高档的软玉首饰,切勿放置在柜面上,以免积尘垢,影响透亮度。

(六)时常盘玩

软玉保养也需要经常盘玩,与玉石沟通,通过摩挲可让玉石更为细腻油润。

第五节 软玉(和田玉)经济评价的依据和质量评价

对软玉的质量评价历来就很受人们重视,《辨玉五要素》记载:"上品美玉,讲求五个到位。一为白度(色泽),羊脂白玉为纯白或奶白色,微青或微黄次之,偏红为下品;青白玉、青玉色泽宜清宜淡;黄玉、黑玉以色泽纯正为最佳。二为亮度,以有流动感水光为最佳,油光其次,蜡光更次之,亚光最差。三为匀度,上好美玉呈半透明,薄雾絮状质地,玉质均匀,无明显杂质,藕粉状、烟雾状质地其次,颗粒状质地及伴有较多'玉花'的更次,石性较重透明度极差的为下品。四为密度,质地细腻的美玉和优质老坑玉密度大,有明显沉手感,反之手略飘。五为硬度,上等和田玉的硬度稍低于紫砂壶,用玉边角在细紫砂壶上刻划,以不留白痕或仅留极淡细痕为佳,玉质粗糙或质地一般的新坑玉粉痕较粗较浓。"

一、软玉原料的工艺要求和经济评价

目前,中国工艺美术界和珠宝行业对软玉原料的工艺要求和经济评价依据可概括为"三好加一度",即质地好、颜色好、光泽好和有一定的块度。质地好要求软玉原料达到质地坚韧、细润和无瑕疵;颜色好要求其达到颜色鲜艳纯正无杂色;光泽好要求其达到光泽明亮无瓷性;度就要求其有一定块度,或一定质量。

二、现代软玉评价的依据

现代软玉评价依据主要有颜色、质地、裂隙、绵绺、块度或质量、加工工艺等。

(一)颜色

颜色是影响软玉质量最重要的因素,颜色鲜艳,纯正均匀,其中以白色为主,若白如羊脂者可称为羊脂玉,是极为稀少的软玉品种。在各类颜色中,以白玉中的羊脂白玉最为珍贵,至今为止,能达到羊脂白的仅见于软玉籽玉中。除此外,纯正的黄色、绿色、黑色也为上品。

(二)质地

质地也是影响软玉质量的重要因素,其他评价要素也与此相关。质地致密、细腻,坚韧,光洁,油润,无裂。上好的质地要求其组成矿物透闪石具细小的纤维状、毛毡状结构,且排列应有一定规律，只有这样才能有良好的效果。

（三）透明度

透明度对软玉质量的影响也较大。实践证明，当软玉为不透明时，显得地干，不滋润；当透明度较好时，同样缺乏优质白玉的油脂光泽，并因此失去软玉特有的凝重感。因此，只有透明度适中，软玉才会具有较高的质量。软玉的透明度受组成矿物的晶粒大小、晶粒间隙、定向排列情况、结构均匀程度、显微裂隙等的影响。质量高的软玉，要求具有细小的定向排列的晶粒，结构均匀，显微裂隙少，这使得软玉具有适中的透明度，并由此使得软玉具备特有的油脂光泽。

（四）光泽

软玉大多为油脂光泽，如油脂中透着清亮，则光泽为佳。"润泽以温"是软玉质量好坏的重要体现。因此，好的软玉要求具有好的油脂光泽，油脂光泽不好，其价值将明显下降。

（五）净度

和其他玉石一样，质量上乘的软玉要求纯净无瑕，无裂纹。但纯粹完整无缺者十分罕见，具体评价时，一般是净度越高，价值越高。

（六）质量或体积

软玉制品受质量或体积的影响相对较小。但在颜色、质地、透明度、加工工艺相同或相近的情况下，质量或尺寸越大，价值越高。应有一定的块度。按软玉的产出状态分为山料、籽料山流水、戈壁玉。其质地以籽料为最佳，这种料呈卵石状，是原生矿（山料）经风化、搬运、冲积，最后成为冲积砂矿，而山料是原生矿，山料呈棱角状的外形，一般润性及韧性稍差。

（七）工艺质量

软玉主要用来制作玉雕工艺品，工艺质量较为重要。工艺师要善于利用巧色，并施以巧妙构思、娴熟的技艺以提高软玉制品的价值。

（八）产出方式

对于软玉原料，目前市场上销售的有籽料、山流水、戈壁料、山料四种。一般来讲，质量以籽料为佳，其次依次是山流水、戈壁料和山料。

三、质量等级

（一）按颜色好坏分

上等：羊脂玉、白玉、黄玉。

中等：青白玉、碧玉、墨玉。

下等：青玉。

如黄若秋梨，墨如纯漆皆可称为上品。

（二）按原料质地特征分

特级：油脂光泽，很柔和，滋润感很强，致密纯净，无杂质，无瓷性。

一级：油脂光泽，柔和，滋润感很强，致密纯净，无杂质，无瓷性。

二级：油脂或蜡状光泽，滋润感较强，较致密纯净，少杂色。

三级：油脂或蜡状光泽，滋润感较强，不纯净，有杂色。

四级：油脂或蜡状光泽，无滋润感，不纯净，多杂色或瓷性大。

第三章　其他常见玉石鉴赏

第一节　石英质玉与蛇纹石质玉

一、石英质玉石

石英质玉石,是以二氧化硅为化学成分的庞大玉石家族。

(一)石英质玉石的特征

(1)颜色:白色、红色、黄色、绿色、蓝色、黑色、灰色。

(2)主要品种:玛瑙、玉髓、东陵石、石英岩等。

(3)内含物:玛瑙具条带构造,有时有褐色物质和绿泥石呈浸染状分布,玉髓中有白色脉体,东陵石中含绿色铬云母片、金红石、锆石、铬铁矿、黄铁矿。

(4)滤色镜下:东陵石变红,铬玉髓变红。

(5)折射率 RI:约 $1.53\sim1.54$ 之间。

(6)相对密度 SG:$2.63\sim2.65$,在 2.65 重液中悬浮或缓慢上浮。

(二)石英质玉石的优化处理

1. 加热处理

黄色到褐色的玛瑙或玉髓含有大量铁,加热处理后形成深红褐色。这种处理后的颜色稳定,商业上不用声明,市场上大多数玛瑙是经加热处理而成的。

2. 染色处理

(1)灰玉髓经糖和硫酸处理而成黑玉髓,几乎所有的黑玉髓都用这种方法处理而成。

(2)碧玉(杂色玉髓)染色用来仿青金岩,市场上常称"瑞士青金"。但缺少青金岩的粒状结构,无黄铁矿存在,用蘸有丙酮的棉签擦拭会褪色。

(3)玉髓用铬盐染色,仿绿色玉髓,滤色镜下变红。分光镜下,红光区有一模糊吸收带。

(4)石英岩:用无机染料染色,用来仿高档翡翠。

放大观察绿色物质呈网脉状分布于颗粒间隙处,红光区 $660\sim680nm$ 处有一吸收窄带。

(三)石英质玉石的鉴别

隐晶质石英岩玉由于广泛产出,数量较多,有经验者一眼可以认出。

1. 玛瑙

玛瑙通常有典型的环带状或纹带状结构,硬度高,耐磨性好,表面较光滑,折射率 1.54 左右,相对密度 2.65 左右,在稀释三溴甲烷中呈悬浮或缓慢漂浮状态。

2. 玉髓

以澳大利亚产的绿玉髓价值较高,原料中可见白色皮壳或鬃眼,放大观察水晶的小晶粒聚集在一起,成品中常见有无色细脉状物质分布于绿玉髓之中。折射率约 1.54,相对密度 2.65 左右。

3. 玻璃或脱玻化玻璃

玻璃主要用来仿隐晶质石英岩玉,放大观察,可见气泡。折射率约 1.50,相对密度值不稳定,因硬度低,表面有磨损现象。

4. 东陵石(铬云母石英岩)

东陵石主要成分 SiO_2 达 90%,次为铬云母(10%),最高可达 18%。颜色为浅绿色到暗绿色,无特征吸收光谱。内含物为大量的铬云母,呈小片状分布于石英岩中,其他内含物还有金红石、锆石、铬铁矿等。东陵石在查尔斯滤色镜下呈红色。

5. 密玉(铁锂云母石英岩)

密玉主要成分 SiO_2 达 95%,次为铁锂云母(3%～5%)。颜色为浅灰绿色、棕红色。内含物为铁锂云母,呈细小片状包裹石英岩中。

6. 贵翠(含地开石石英岩)

贵翠主要成分 SiO_2 达 90%,次为地开石或高岭石(10%),颜色为淡蓝绿色,绿中带蓝色色调,色不均匀。在贵翠中常有鬃眼或条带的其他物质分布。淡蓝绿色者色不稳定,易褪色。

7. 石英岩

石英岩成分中 SiO_2 占 98%以上,为一种纯石英岩,呈乳白色,半透明到微透明,颗粒细小,具油脂光泽,一般工艺上仅选用白色中带蓝色调的石英岩。如果质量较好时可染成绿色用来仿翡翠。

(四)SiO_2 置换宝石

SiO_2 置换宝石由 SiO_2 交代作用而形成,但宝石材料仍保留了原矿物晶形的特点,如木变石的石棉的纤维状结构和硅化木的木质细胞结构,有时也称为假晶石英岩玉。

1. 木变石(硅化石棉)

木变石组成矿物为纤维石棉,具平行纤维状构造,丝绢光泽,不透明,硬度6.5,相对密度为2.78,折射率1.53～1.54,具韧性。主要品种有以下三种。

虎睛石:黄色或褐黄色的硅化石棉,当琢磨成凸面型宝石时,可产生平行移动的"猫眼"亮线,具有猫眼效应,似"虎眼"而得名。

鹰睛石:蓝色、蓝绿色、蓝灰色的硅化石棉,当琢磨成凸面型宝石时,因具猫眼效应,颜色和游彩似"鹰眼"而得名。

斑马虎睛石:褐黄色与蓝色相间,呈条带状的木变石。工艺上要求木变石致密,有较强的丝绢光泽,石料有一定的厚度。

2. 硅化木

硅化木指的是SiO_2置换数百万年前埋入地下的树干,并保留树木乃至树木个体细胞结构,用它可作各种装饰品。这类材料也称树化玉,有各种颜色。主要根据硬度及木质细胞结构来鉴定。

(五)石英质玉石的质量评价

石英质玉石主要用于制作小挂件、手镯、项串、雕件,很少一部分做成戒面。石英质玉石的质量要求和评价着重于以下几点。

1. 颜色

石英质玉石材料应有一定的颜色,或可以染成一定的颜色,如绿色、黄色、红色等。灰色、褐色、杂色的材料,很难直接用于染色。另外颜色应相对均匀。

2. 特殊的颜色图案及包裹体

当石英质玉石材料的颜色能形成一定花纹、图案,如玛瑙内红白相间的色带有规律排列,形成缠丝玛瑙时,碧玉中的不均匀颜色能形成一种风景图案时,材料的价值将有所提高。

另外当石英质玉石内的有色矿物包裹体能形成一定图案时,如绿泥石鳞片的排列形成的水草玛瑙,铁锰质杂质聚集形成的苔藓玛瑙的价值都要高于灰白色玛瑙。

3. 质地

当材料颗粒均匀、粒度相对细腻、结构致密时、价值较高。

4. 透明度

要求材料有一定的透明度,完全不透明的材料较难应用。

5. 块度

要求有一定的块度。

6. 加工工艺

石英质玉石原材料价值一般都很低,但在加工中如果构思巧妙,俏色新异,加工精细,同样可具有很高的价值,如我国传统玉雕的"虾盘""龙盘""水漫金山"(水胆玛瑙摆件)都被誉为国宝级雕件。

二、蛇纹石质玉

蛇纹石质玉是人类最早认识和利用的玉石品种,在中国距今约 7000 年的新石器文化遗址中出土了大量的蛇纹石质玉器,是中国四大名玉之一。蛇纹石质玉在自然界分布广泛,在珠宝玉石的国家标准中规定宝石级蛇纹石,均以"蛇纹石质玉"或"岫玉"统一命名。

(一)蛇纹石质玉的主要鉴别特征

矿物成分为含水的镁质硅酸盐。通常蛇纹石质玉中如含有透闪石-阳起石,则称为软玉蛇纹石质玉,蛇纹石质玉中如含有大理石成分则称为大理石蛇纹石质玉。

1. 矿物组成

蛇纹石质玉主要的组成矿物为蛇纹石,次为白云石、菱镁矿、绿泥石、透闪石等,产地不同,矿物组合略有差异。这些伴生矿物的含量变化很大,并对蛇纹石的质量有明显的影响。

2. 结构构造

肉眼观察蛇纹石质玉为均匀的致密块状体,蛇纹石颗粒十分细小,仅在高倍显微镜下才可见到纤维状、细粒状矿物集合体。所以,玉质细腻,手感滑腻。

3. 颜色

颜色为果绿色、浅绿色、黄绿色、黄色、白色、褐黄色、褐红色、黑色等,颜色较丰富。产地不同,矿物组合不同,则颜色有差异。通常以微带黄色调的淡绿色为主。

4. 折射率 RI

约 1.56～1.57。

5. 相对密度 SG

2.57,在 2.65 重液中漂浮。

6. 放大观察

可见淡绿色的绿泥石、暗色的铬铁矿包体分布于其中,质地中可见水波纹。

7. 其他

透明度较好,蜡状光泽,硬度 2～6(随透闪石含量增加变大)。

（二）蛇纹石质玉优化处理及鉴别

1. 染色

蛇纹石质玉先通过加热产生裂隙,然后浸泡于染料中,经染色而成的蛇纹石的颜色全部集中在裂隙中,放大检查很容易发现染料的存在 。

2. 蜡充填

将蜡充填于裂隙或缺口中,可以改变样品的外观,充填处可见有明显的蜡状光泽。热针触探裂隙处有蜡的流动或"出汗现象",同时可嗅出蜡的味道。

3. 仿古处理

采用化学染料浸泡、浸入油后烤焦、强酸腐蚀等方法,造成玉器表面呈现出类似古玉器的沁色和腐蚀凹坑。

(1)梅杏水泡可腐蚀其表面,模仿风化作用。

(2)涂抹猪血、地黄、红土、炭黑等并加热使之渗入内部。

(3)打蜡。

（三）蛇纹石质玉与相似宝石材料的鉴别

1. 蛇纹石质玉

颜色为果绿色、黄绿色、白色、褐黄色、黑色及各种杂色,颜色较均匀,质地较细腻,透光观察可见水波纹。折射率约 1.56,硬度 5～5.5 等都可作为鉴别特征。

2. 与蛇纹石质玉相似的宝石材料

折射率 RI 易与独山玉相混淆,白色者与软玉相似,但不具有软玉的韧性和耐磨性,褐红色者易与红色翡翠相似,但不具有翡翠的"翠性"及光泽,RI、SG 均低于翡翠。

（四）蛇纹石质玉的质量评价及工艺要求

1. 质地

要求质地细腻,无杂质杂石,抛光后具有光亮的油脂光泽,透明度越高,质量越好,半透明者即为上等玉料。

2. 颜色

颜色鲜艳、明快、均匀,以果绿色为上等品,其次为蓝绿色、黄绿色等颜色,对浅色蛇纹石质玉可采取人工染色。

3. 块度

一般块度越大越好,块体在 3～5kg 以上均为好料,也有几十至几百千克者。

4.透明度

要求半透明至微透明,以半透明为好。主要有以下四种材料。

特级料:质地洁净,颜色明快,无杂质,无裂纹,块体要求大于50kg,利用率50%以上。

一级料:质地洁净,颜色明快,无杂质无裂纹,块体10~15kg。

二级料:5~10kg,符合工艺美术要求可应用的优质料中,有缺陷的料,利用率约20%~30%。

等外料:不能被正常产品选用的料,颜色较杂,裂隙太多。

(五)蛇纹石质玉的成因及资源分布

(1)产于基性和超基性岩体内的蛇纹岩,经水热蚀变而形成蛇纹石质玉。

(2)产于蛇纹石化大理岩或接触带中,由富镁碳酸盐岩蚀变而成,属中温热液交代成因。如岫玉、信宜玉,矿体主要赋存在白云石大理岩或菱镁矿层中强烈蛇纹石化地段。矿体围岩蚀变十分强烈,有蛇纹石化、绿泥石化等。

蛇纹石质玉在全世界分布广泛,主要有中国、美国、新西兰、纳米比亚、奥地利、安哥拉等。

第二节　欧泊与绿松石

一、欧泊

欧泊的英文为 Opal，源于拉丁文 Opalus，意思是"集宝石之美于一身"，或来源于梵文 Upala，意思是"贵重的宝石"。"在一块欧泊石上，你可以看到红宝石般的火焰、紫水晶般的色斑、祖母绿般的绿海，五色缤纷、浑然一体、美不胜收"这是古罗马的普林尼在《自然史》中对欧泊发出的由衷赞叹。在欧洲，欧泊是幸运的代表，古罗马人称之为"丘比特"之子，是恋爱中美丽的天使，被认为是希望和纯洁的象征。

欧泊被定为金秋十月的生辰石，象征美好希望和安乐幸福的到来，东方人把它看作象征忠诚精神的神圣宝石。美国人大多喜欢红色、橘红色的欧泊，日本人普遍喜爱蓝色和绿色的欧泊，中国人垂青于喜庆的暖色调的红色欧泊。

（一）欧泊的基本特征

1. 化学成分

欧泊在矿物学中属蛋白石类，是具有变彩效应的宝石级蛋白石，是一种含水的非晶质的二氧化硅。化学成分为 $SiO_2 \cdot nH_2O$，含水量一般为 $3\% \sim 10\%$。非晶质体，内部具球粒结构。

2. 物理性质

底色呈黑色、乳白色、浅黄色、橘红色等。光泽为玻璃光泽、珍珠光泽。具变彩效应。折射率为 $1.35 \sim 1.45$，单折射。密度为 $2.60 g/cm^3$。性脆，易干裂，贝壳状断口。摩氏硬度为 $5.5 \sim 6.0$。光性特征：均质体，但有异常消光。发光性：在长波紫外线照射下，不同种类的欧泊发出不同颜色的荧光。常有较强的白色紫外荧光，甚至有磷光。

3. 变彩效应

（1）变彩效应：由于宝石的特殊结构产生光的干涉或者衍射形成鲜艳的颜色，并且这些颜色随着入射光角度或者观察角度的变化而变化。

（2）欧泊变彩效应的成因：排列有序大小一定的 SiO_2 球体组成的三维光栅，使光线发生衍射造成的。

（二）欧泊的分类

宝石界把欧泊宝石按体色分为以下类型。

1. 黑欧泊

黑欧泊具有黑色底色，还有深绿色、深蓝色、深灰色和褐色等，以黑色为最佳。由于底色较深，所以各种彩色的反光愈显瑰丽多姿，成为欧泊宝石中的名贵品种。黑欧泊产出在澳大利亚著名产地"闪电岭"，这种欧泊价值最高，重 3ct 者，每克拉售价 200～1500 美元；重 5ct 者为上品，每克拉售价高达 3 万美元。

2. 白欧泊

白欧泊是一种底色为透明无色或乳白色贵蛋白石品种。有蓝、绿、红单色变彩和二色、三色变彩。宝石上朵朵变彩，犹如银白天幕上浮现的彩虹。以墨西哥产的最著名，日本俗称"墨西"，无色透明者称"白墨西"。

3. 火欧泊

火欧泊指的是橙红色、无变彩欧泊，品质好的颜色可以非常鲜艳。火欧泊是根据它火焰般的樱桃红、旭日黄和深橘红而命名的，其独特的光色像云霭中透出的阳光。火欧泊主要出产于墨西哥和澳大利亚（少量），但现在人们也发现在坦桑尼亚、埃塞俄比亚以及马里的西非地区也产有这种宝石。

4. 果冻欧泊

果冻欧泊也称为水欧泊，主要出产于墨西哥，这是一种矿物质混合，且色彩混合的蛋白石，它具有胶质状的透明色，偶尔带有蓝色带，人们也罕见地在澳大利亚的闪电山脉里发现有这种宝石，而此山脉本以出产黑欧泊闻名，其果冻欧泊却丝毫不见黑色背景。

5. 水晶欧泊

水晶欧泊透明而纯净（含水硅石），典型的水晶欧泊明澈，可见其内部和表面的色彩划分。在光线的照射下，水晶欧泊会呈现出独有的光彩。

6. 秘鲁欧泊

产出于安第斯山脉的秘鲁欧泊在数量上极其稀少，那优雅的半透明色自古以来就为古代的印加人所崇拜，多数的秘鲁欧泊都是蓝色、粉红色的，但也发现有少量的绿色。

（三）欧泊的优化处理

1. 染色法

通过染色使浅色的欧泊改造成"黑欧泊"。"烟熏法"是欧泊采矿者发明的最早的染黑方法，将欧泊用纸包裹放在干马粪中，架上土锅，用木炭加热，直到马粪烧焦冒烟，炭黑粒子将浅色欧泊染成黑色，由于炭黑粒子不能渗透很深，因此黑色仅仅限于表面。

"糖酸法"是另一种常用的处理方法，将欧泊加热后浸泡在糖溶液中，糖渗入欧泊中，干燥后再把它浸入浓硫酸中使糖脱水炭化，从而产生黑色，同样，这种处理方法产生的黑色也仅限于欧泊的表层。为使颜色能够渗入，染色法需要质地较疏松多孔的欧泊，主要以低质量的 Andamooka 安达姆卡白欧泊为主。

"注塑法"是二十世纪七十年代后期发展起来的改色方法，黑色或深色树脂用压力注入欧泊，不仅使欧泊变成"黑欧泊"，而且增加了光泽和透明度，使欧泊看上去更有光彩。

2. 拼合法

将欧泊的薄片组合在黑色或其他深色的背景上,不仅使浅色的欧泊看上去像黑欧泊,而且能充分利用原来不适合作为宝石的薄片欧泊和碎片。由于在组合法欧泊的腰围上显示出拼接的各个层面,所以较少作为裸石出售,大都是以首饰成品出售,因为首饰托座将腰围包住,所以镶嵌好的欧泊不易察觉是组合的。

3. 合成欧泊

合成欧泊的主要步骤为:

第一步,酒精和水的混合液中加有机硅化合物,使其均匀扩散呈小点粒状,再加强碱把有机硅化合物转化成氧化硅,并使之呈球体(直径 200～300nm)。

第二步,使氧化硅球体在溶液中沉淀,随着沉淀的发生,堆积方式将自动取向。

第三步,胶结、压实、烧结。

4. 天然欧泊和相似欧泊的区别

目前市场上可见到的欧泊品种除天然欧泊以外,还有人工合成欧泊、组合欧泊、人工处理过的欧泊和玻璃等。

1)天然欧泊

天然欧泊的主要鉴定特征是特殊的变彩效应,彩片是呈两头尖的纺锤形,还有明显的吸水性,用舌头舔粘舌。

2)合成与天然的区别

天然欧泊色斑具有丝绢状外表,沿一方向延长;色斑为不规则的薄片;色斑与色斑之间呈渐变关系,界线模糊;色斑沿一个方向具有纤维状或条纹状结构。合成欧泊的色斑具立体感,从侧面观察有"柱状"升起的特征;色斑之间呈镶嵌状边界;色斑内可见"蜂窝状"或"蜥蜴皮状"结构。

3)组合欧泊

有二层石、三层石两种。二层石顶面用质量好的欧泊,三层石中间用天然欧泊,其他层用黑色玛瑙、劣质欧泊、无色石英和玻璃等用胶粘住。鉴别组合欧泊时注意以下特征:接合面光泽变化、胶合面内气泡、粘胶硬度较低。

4)人工处理过的欧泊

用顶光源或10倍放大镜观察,用糖处理过的欧泊出现似尘埃的黑斑充填于彩片之间,用烟处理过的欧泊其黑色仅限于表面而不能渗透到内部。

5)玻璃欧泊

玻璃欧泊折射率为 1.49～1.52,密度为 2.4～2.5g/cm³,无孔隙不吸水,放大镜下呈六边形蜂窝状结构,据此与天然欧泊区别。注油欧泊、注塑欧泊和塑料欧泊经过仔细观察、认真鉴别均可与天然欧泊区分开。

(四)欧泊的经济评价、选购及保养

主要考虑下列几个因素,即体色、变彩、坚固性、加工琢磨的完美性和大小等。

(1)体色:欧泊的体色一般以黑色和深色为佳,其次是白色,再次是其他颜色。

(2)变彩:要求变彩越闪耀越均匀越好,质量最好的变彩色谱是七色。

(3)坚固性:欧泊必须无裂绺。

(4)加工琢磨的完美性:要求形状完美,抛光较好,对称圆滑。

(5)大小:越大越好。

以底色、彩片对比亮度强、变彩均匀、色美,特别是红色和紫色成分多、亮度强,致密无损者为佳品,其中黑色、彩片斑斓的欧泊价值最高。天然欧泊以"整粒"的价值最高,其他相似欧泊价值较低,二、三层石价值最低。选购时注意仔细鉴别出欧泊的种类,以免货价不符,造成不必要的损失。欧泊韧性差、易碎,佩戴时要注意保管好,避免阳光照射和与其他宝石碰撞。

(五)欧泊的经济地理

欧泊是在表生环境下由硅酸盐矿物风化后产生的二氧化硅胶体溶液凝聚而成的,也可由热水中的二氧化硅沉淀而成。其主要的矿床类型有风化壳型和热液型。

世界上欧泊主要生产国是澳大利亚、墨西哥、巴西、美国。世界欧泊总产量的95%以上产于澳大利亚,主要产地有新南威尔士的闪电岭(产黑欧泊)和白崖(产白欧泊)。欧泊已成为澳大利亚"国石"。墨西哥:以其产出的火欧泊和晶质欧泊而闻名,主要产出于硅质火山熔岩溶洞中。巴西:北部的皮奥伊州是除澳大利亚外最重要的欧泊产地之一。美国:主要产区在内华达州。其他的产地还有洪都拉斯、马达加斯加、新西兰、委内瑞拉等。

二、绿松石

绿松石在国际市场上也称土耳其玉(Tuvquoise),早在古埃及、古墨西哥、古波斯,绿松石就被作为宝石,制成护身符和随葬品。我国新石器时代也已将绿松石作为饰品。

绿松石又叫松石,因其"开形似松球、色近松绿"而得名。在中国清代以前,绿松石被称为"甸子"。湖北绿松石在世界上享有盛名,古有"荆州石"之称,属于高档的玉雕材料。色泽淡雅、绚丽的绿松石是深受古今中外人士喜爱的传统玉石。在美国等西方国家,人们把绿松石作为镇妖、避邪的圣物和吉祥、幸福的象征。绿松石为十二月份诞生石,象征着成功和必胜。

(一)绿松石主要鉴别特征

(1)颜色:浅蓝色、天蓝色、淡蓝色、绿蓝色、绿色。

(2)折射率 RI:1.62(点测),为多孔隙宝石材料,一般不可测。

(3)相对密度 SG:2.60~2.90,与结构的致密有关(失水后的绿松石 SG 轻,瓷松 SG 大)。

(4)光谱:成分中常含铁质,在紫光区 432nm、420nm 有吸收窄带。

(5)结构:多数属于隐晶质结构,外观上有小的不规则的白色和褐色纹理及斑块。

（二）品种

1. 按颜色划分的品种

（1）蓝色者：称为蓝色绿松石。
（2）浅蓝色者：称浅蓝色绿松石。
（3）蓝绿色者：称蓝绿色绿松石。
（4）绿色者：称绿色绿松石。
（5）浅绿色者：称浅绿色绿松石。

2. 按产地划分的品种

（1）产自伊朗北部阿显米塞山上尼沙普尔地区者，称尼沙普尔绿松石。
（2）产自中国鄂西北者，称湖北绿松石。
（3）产于新疆和甘肃交界处者，称新疆绿松石。

3. 按质地与结构划分

（1）瓷松：天蓝色质纯净、致密，抛光后似瓷质，硬度大，光泽强，细腻，为绿松石中之上品。
（2）绿色松石：蓝绿色到豆绿色，硬度大，光泽强，质地细腻，质量仅次瓷松。
（3）铁线松石：铁线以花纹清晰、分明为佳，一般为天蓝色、蓝绿色至豆绿色，铁线松石成网格状。
（4）泡松：风化后失水而脱色，为月白色，质地差，硬度低，仅用大块，价值低，通常需灌注处理后才能使用。

（三）优化处理及鉴别

1. 染色处理

改变颜色外观，利用苯胺染料，对淡绿色、淡蓝色的绿松石进行染色。在染过色的绿松石不显眼的地方滴上一滴氨水，染料发生褪色，褪回到原来的绿色和白色。时间久了，染色处理的绿松石也会褪色。

2. 灌注处理

（1）注油和蜡：对浅色松石进行注油或注蜡处理，改变颜色。
检测：热针触探（放大观察，热针不贴在样品上）几秒钟后，油和蜡将会渗出表面。
（2）注塑：对浅色或白色松石注塑以改变颜色和结构，使其更致密。
检测：寻找裂隙和凹坑处，用热针触探（2～3秒），可闻到刺鼻的味道。

（四）绿松石与相似宝石材料的区别

1. 绿松石

绿松石一般为隐晶质结构，放大 50 倍，无球粒状结构，内常有黄铁矿颗粒和褐铁矿脉分布于其中。折射率 RI 为 1.62，相对密度 SG 为 2.60～2.70，蓝光区 432nm、420nm 处有两条吸收线。

2. 合成松石

合成松石为隐晶质结构，放大 50 倍有球粒状结构。折射率 RI 为 1.60，相对密度 SG 为 2.70，蓝光区无吸收线，用一滴酸（水与酸 2∶1）在不显眼部位进行，能使蓝色变成绿色。

3. 硅孔雀石

硅孔雀石折射率 RI 为 1.50，相对密度 SG 为 2.0～2.5，硬度为 4，绿色中有杂色，以低 RI、SG、H 和颜色特点区别于绿松石。

4. 染色菱铁矿

染色菱铁矿不具松石结构，染色剂沿裂隙集中，查尔斯滤色镜下呈淡褐色。折射率 RI 变化大，约 1.60，相对密度 SG 为 3.00～3.12。

5. 染色玉髓

染色玉髓具有层状结构，颜色呈斑杂状，染料集中于裂隙处，查尔斯滤色镜下呈红色或淡褐色，折射率 RI 为 1.53，相对密度 SG 为 2.60～2.63。

6. 玻璃

玻璃不具松石结构，放大观察可见气泡或到达表面的半球形小孔，破口处中可见贝壳状断口，折射率 RI 为 1.40～1.70，相对密度 SG 可达 3.30。

（五）绿松石的质量评价、分级与保养

1. 绿松石的品质评价

（1）颜色。

颜色是评价绿松石的重要因素。颜色要纯正、均匀、鲜艳，最好的颜色是天蓝色，其次为深蓝色、蓝绿色、绿色、灰色、黄色。

（2）结构构造。

高档绿松石要求结构致密，且有较高的密度和硬度，密度在 2.70g/cm³ 左右，摩氏硬度在 6 左右。密度低于 2.40g/cm³、摩氏硬度低于 4 的绿松石，一般要经稳定化处理才可使用。

（3）纯净度。

绿松石内常含黏土矿物和方解石等杂质，这些杂质多呈白色，在玉器行里称为"白脑"或

"筋"。白脑发育的绿松石加工时易炸裂,品质明显降低。

(4)特殊花纹(铁线)。

当铁线在绿松石中构成优美的图案时,可以提高其品质。

(5)块度。

绿松石多呈结核状、块状,一般在 50g 以下,大块者多为 100~4000g,5000g 以上的少见,块度越大越好。

2. 绿松石的品质分级

根据颜色、光泽、结构、块度等因素,可以将绿松石原石品质分为三个等级。

(1)一级绿松石。

一级绿松石呈标准的天蓝色,且颜色鲜艳、纯正、均匀。光泽强而柔和,半透明至微透明,表面有玻璃感。质地致密、细腻、光洁、坚韧,无铁线、白脑、裂纹及其他缺陷,块度大。但质地特别优良者,即使块度小,亦为一级品。这种级别的绿松石也称"波斯玉""波斯级绿松石"。

(2)二级绿松石。

二级绿松石呈深蓝色、深绿蓝色,且颜色较鲜艳、纯正、均匀。光泽强,微透明。质地致密、细腻、坚韧,但有少量铁线、白脑及其他缺陷,块度中等。但如果颜色为深蓝色,即使块度大,也为二级晶。

(3)三级绿松石。

三级绿松石呈绿蓝色、浅蓝色、蓝绿色,甚至黄绿色、蓝白色。颜色较明快,但颜色分布不均匀。光泽较强,质地较致密。铁线明显,不同程度地存在白脑等缺陷,块度大小不等。

3. 绿松石的保养

绿松石是含水、多孔的磷酸盐矿物,易受热失水,易吸收液体或杂色物质而使其自身褪色或变色,在盐酸中会缓慢溶解。要避免受热,也要避免与色剂、盐酸等物质接触。

(六)绿松石主要产地

世界上出产绿松石的主要国家有伊朗、美国、埃及、俄罗斯、中国等。中国的绿松石主要集中于鄂、豫、陕交界处。以鄂西北的郧县、竹山县产的绿松石矿最为著名,其次为陕西的白河、安康,另外在中国的新疆、安徽也有产出。

第三节　独山玉与青金石

一、独山玉

独山玉因产在中国河南省南阳市郊独山而得名,是我国独有的玉种。从出土文物看已有 5000～6000 年历史。独山玉集多种颜色于一体,色泽鲜艳,质地细腻,透明度及光泽好,硬度高,可与翡翠媲美。

(一)独山玉主要鉴别特征

(1)矿物组成:主要矿物为斜长石、黝帘石,次为铬云母、透辉石、角闪石、黑云母、褐铁矿等。

(2)结构构造:具细粒状结构,致密块状体构造。

(3)颜色:矿物组成不同可导致主体色为白色、绿色(带蓝色调)、紫色、黄色、红色等。

(4)折射率 RI:变化于 1.56～1.70 之间,折射率的大小受矿物的影响。

(5)密度 SG:2.73～3.18g/cm³,视矿物组成而有变化。

(6)其他物理性质:硬度 6～6.5,半透明—微透明,细粒致密结构。

(二)独山玉与相似宝石材料的鉴别

独山玉呈细粒状结构,透明度好,在同一块玉石上常有多种颜色,可较容易与具纤维状结构的翡翠和软玉区别开来。独山玉与翡翠、软玉、石英质玉、蛇纹石质玉的区别有以下三点。

(1)颜色特点:独山玉绿色带灰色、蓝色色调,色形多为团块状分布,易与翡翠区别。白色独山玉易与白色软玉和石英质玉相混,但软玉比白独玉细腻,石英质玉手感较差。

(2)折射率和相对密度分别易与蛇纹石质玉 1.57 的折射率和软玉约 2.95 的相对密度相混。

(3)滤色镜:独山玉滤色镜下变红,其他相似宝石材料滤色镜下不变红。

(三)独山玉的种类

独山玉为多色玉石,常以颜色分类:白色、绿色、蓝绿色、墨绿色、紫色、棕色、黑色等。

1. 白独玉

白独玉呈白色—乳白色,半透明—不透明,依据透明度和质地不同又分为透水白、油白、干白三种,其中以透水白为最佳。

2. 红独玉

红独玉呈粉红色或芙蓉色,深浅不一,一般为微透明—不透明,与白独玉呈过渡关系。

3. 绿独玉

绿独玉呈绿色、灰绿色、蓝绿色、黄绿色,与白色独玉相伴,颜色多呈不规则带状、丝状或团块状分布。透明度从半透明—不透明,表现不一,其中半透明的蓝绿色独山玉为独山玉的最佳品种,在商业上亦有人称之为"天蓝玉"或"南阳翠玉"。

4. 黄独玉

黄独玉呈黄色或褐黄色,半透明分布,其中常常有白色或褐色团块,并与之呈过渡色。

5. 褐独玉

褐独玉呈暗褐色、灰褐色、黄褐色,深浅不均,半透明,常与灰青及绿独玉呈过渡状态。

6. 青独玉

青独玉呈青色、灰青色、蓝青色,表现为块状、带状,不透明,为独山玉中常见品种。

7. 黑独玉

黑独玉又称"墨玉",黑色、墨绿色,不透明,颗粒较粗大,块状、团块状或点状,与白独玉相伴,为独山玉中最差的品种。

8. 杂色独玉

杂色独玉是独山玉中最常见的品种,在同一块标本或成品上常表现为上述两种或两种以上的颜色,特别是在一些较大的独山玉原料或雕件上常表现出四至五种或更多颜色的品种,如绿色、白色、褐色、青色、墨色等多种颜色相互呈浸染状或渐变过渡存于同一块体上。

(四)独山玉经济评价的依据

独山玉的质量评价主要依据颜色、裂纹、杂质及块度大小。

优质独山玉的颜色为绿色和白色,微透明、质地细腻、无裂纹、无杂质。原石交易中,依据质量,独山玉可分为特级、一级、二级、三级、等外级等五个等级。

1. 特级料

颜色纯正,翠绿色、蓝绿色、淡蓝绿色、白中带绿色,结构致密,质地细腻,无白筋,无杂质,无裂纹,块度在 20kg 以上者。

2. 一级料

颜色均匀,白色、乳白色、绿白色浸染,质地细腻,无杂质,无裂纹,块度在 20kg 以上者。

3.二级料

颜色均匀,白色、绿中带杂色,质地细腻,无杂质,无裂纹,块度在3kg以上者。

4.三级料

杂色,但色泽较鲜明,质地细腻,有杂质和裂纹,单色块度可达1kg以上,杂色部分块度在2kg以上者。

5.等外料

杂色,色泽暗淡,裂绺、杂质较多,块度1kg以下。

(五)独山玉的产出特征

独山玉矿体呈脉状、透镜状及不规则状,产出于蚀变辉长岩体中。围岩蚀变作用有透闪石-阳起石化、钠黝帘石化、蛇纹石化和绿泥石化,一般矿脉长1~10m,宽0.1~1m,个别宽5m。迄今为止,能达到工艺要求的独山玉仅产于中国河南。

二、青金石

青金石是一种比较美丽而稀少的多晶质玉石,具有"色相如天"的颜色(也称帝青色或宝青色)。除了制作珠宝首饰外,还用于雕佛像、瓶、炉、动物等,此外还是重要的画色和染料。著名的敦煌莫高窟,敦煌西千佛洞自北朝到清代壁画,彩塑上都用青金石作颜料。

(一)青金石的主要鉴别特征

(1)组成矿物:青金石、蓝方石、方解石、黄铁矿等。放大检查可看到青金石内具自形黄铁矿斑晶和白色方解石团块。
(2)折射率RI:约1.50。
(3)相对密度SG:2.70~2.90。
(4)紫外荧光:LW紫外光下发红褐色光,方解石发橙色光。
(5)滤色镜下:呈淡红色—红褐色。
(6)其他:青金石中的方解石与酸强烈反应起泡。

(二)青金石的品种

(1)青金:质纯色浓,无杂质无白斑,少量"金星"为青金岩中最佳品种。
(2)金克浪:蓝色中含较多黄铁矿颗粒微晶,也有白石花掺入。
(3)催生:青金岩含量较少,蓝色呈点状、斑块状,与白色物质相混呈斑驳状,为青金岩中之下品。

（三）青金石的优化处理及鉴别

1. 上蜡处理（改进外观）

检测：有蜡层剥离的地方，凹陷处有蜡层堆积，用钢针可剔起蜡层。

2. 染色处理（改变劣质青金岩的颜色外观）

检测：用蘸有丙酮的棉签擦拭，可使棉签变蓝，如上过蜡，应去掉蜡层再擦拭。

3. 黏合处理（将劣质青金岩粉碎后用塑料黏结）

检测：用热针探测，热针触探样品不引人注意的部位时，会散发出塑料气味。

（四）青金石及其相似宝石材料的鉴别

1. 青金石的鉴别

（1）青金石。

青金石以特有的颜色和矿物组合为主要鉴别特征。蓝色的青金石和白色方解石构成不规则的色斑状。黄色的黄铁矿颗粒分布于其中。深蓝色的致密块状青金岩在查尔斯滤色镜下呈红色。

（2）胶结青金石。

胶结青金石通常以劣质青金石被粉碎后用塑料黏结，当用热针触探样品不显眼的地方时会散发出塑料的气味。

（3）合成青金石。

合成青金石颜色分布较为均匀，黄铁矿颗粒均匀地分布于整块宝石中。合成青金石相对密度为2.45，低于天然青金石相对密度(2.70)。查尔斯滤色镜下合成物不变红，天然物则变红色。

2. 青金石与相似材料的区别（表3-1）

表3-1　青金石与相似材料的区别

	青金石	合成青金石	方钠石	"瑞士"青金石	熔结合成尖晶石
颜色分布	颜色分布不均匀，大多数为染色	较均匀	蓝色中有白色物质分布	颜色分布不均匀，可见条纹状斑块	均匀分布
结构	致密块状、粒状结构	细粒结构	粗晶质结构	同心结构	粒状结构
金属物质	黄铁矿	有时有黄铁矿	无	无	含细小金斑仿黄铁矿
近似RI	1.50	1.50	1.48	1.53	1.72
SG	2.70～2.90	<2.45	2.28	2.63	3.52
查尔斯滤色镜	红褐	不变	红褐	不变	鲜红色

（五）青金石的质量评价

青金石的品级是根据颜色，所含方解石、黄铁矿的多少而定的，最珍贵的青金石应为紫蓝色，且颜色均匀，完全没有方解石和黄铁矿包裹体，并有较好光泽。青金石中的方解石尤其大块白色方解石包裹体的存在会使青金石价值降低。

（六）青金石的产地

阿富汗东北部地区的青金石：颜色呈略带紫的蓝色，少有黄铁矿，一般没有方解石脉，是比较难得的高品质青金石。

俄罗斯贝加尔地区的青金石：以不同色调的蓝色出现，通常含有黄铁矿，质量较好。智利安第斯山脉的青金石一般含有较多的白色方解石并常带有绿色色调，价格较便宜。

其他产地：缅甸、美国加州。

主要参考文献

张蓓莉.系统宝石学[M].北京:地质出版社,2012.

李兆聪.珠宝首饰肉眼识别法[M].北京:地质出版社,1999.